ハンドブック

古賀志の花

山口正夫

随想舎

利用の手引き

① 春、夏、秋～初冬の順に、ほぼ開花する月ごとに配列し、
その中で科名、属名、和名を五十音順に並べた。

② 植物名は、和名をカタカナで表記した。
また、漢字表記が可能なものは漢字名を併記した。

③ 科名および属名は、ＡＰＧ分類体系による。

④ 果実（種子）は、概ね季節毎に配列した。

マンサク

目　次

ショウジョウバカマ

古賀志山周辺概略図
392
△408.9
238号鉄塔
383
馬蹄形コース
444
腰掛岩
237号鉄塔
西尾根コース
西登山口
236号鉄塔
北ノ峰
△432.8
籠岩
赤岩山
△535
馬頭岩
岩場危
中岩
546
不動の滝
パラグライダー
フライト地点
滝コース
206
292
城山西小
540
急な岩場
546
300
220
250
400

猪倉峠
492.4
鞍掛山
431
北尾根コース
三角山
祠
350
277
二枚岩
根石山
長倉山
中尾根コース
496
東屋
349
軍艦岩
細野ダム
ベンチ
広場
北コース
水場
天狗鳥屋
365
花畑
反省岩
コブシ岩
富士見峠
東陵コース
陵見晴台
長いクサリ場
東登山口
582.6
古賀志山
宇都宮市森林公園
250
赤川ダム
338
南コース
坊主山
228
森林公園駐車場
南登山口
298
0
500m
1000m

アカヤシオ（赤八汐）　*Rhododendron pentaphyllum*

後方には未だ雪を頂く女峰山。品種名は“*nikoense*”。
ヤシオツツジは「栃木県花」である。

カタクリ

マンサク
（万作・満作）

マンサク科
マンサク属
落葉小高木
花期：２月〜３月

黄色紐状の花弁４枚
赤褐色の萼片４個
早春に「まず咲く」

アセビ
（馬酔木）

ツツジ科
アセビ属
常緑性の落葉低木
花期：３〜４月

白色の壺状の花
葉も茎も全草有毒
「馬が酔うかの如く」

ナズナ
（薺）

アブラナ科
ナズナ属
年生草本（越年草）
花期：３〜６月

白色の花弁が４枚
別名「ペンペングサ」
「春の七草」のひとつ

オオイヌノフグリ
（大犬の陰嚢）

オオバコ科
クワガタソウ属
一年生草本（越年草）
花期：３～５月

瑠璃色の花弁が４枚
光により開く一日花
ヨーロッパ原産

カンスゲ
（寒菅）

カヤツリグサ科
スゲ属
常緑の多年生草本
花期：４～５月

先端に黄色の雄小穂
下部に細長い雌小穂
嘗ては蓑や傘の材料

キブシ
（木五倍子）

キブシ科
キブシ属
落葉低木
花期：３～４月

雌雄異株または同株
下垂する総状花序
淡黄色の壺形の花冠

キクザキイチゲ
（菊咲一華）

キンポウゲ科
イチリンソウ属
多年生草本
花期：３～４月

8～12枚の白色萼片
帯紫色の萼片もある
「春の妖精」の一つ

セリバオウレン
（芹葉黄連）

キンポウゲ科
オウレン属
常緑の多年生草本
花期：３～４月

雌雄異株または同株
大きな白色萼片５枚
苦味健胃薬・整腸薬

アブラチャン(雄花)
（油瀝青）

クスノキ科
クロモジ属
洛葉低木
花期：3月～４月

雌雄異株
淡黄色の散形花序
花軸あり花被片６枚

ダンコウバイ(雄花)
(檀香梅)

クスノキ科
クロモジ属
落葉低木
花期：３～４月

雌雄異株
黄色の散形花序
花軸はなく花被片６

ヒサカキ(雌花)
(姫榊・柃)

サカキ科
ヒサカキ属
落葉小高木
花期：３～４月

壺型クリーム色の花
枝下に並んで咲く
独特の強い芳香あり

キランソウ
(金瘡小草・金蘭草)

シソ科
キランソウ属
多年生草本
花期：３～５月

濃紫色の唇形花
別名「地獄の窯の蓋」
薬効は鎮咳や健胃等

シヨウジヨウバカマ
(猩々袴)

シュロソウ科
ショウジョウバカマ属
多年生草本
花期：3～5月

短縮した総状花序
花は淡紅色～濃紅紫色
葉はロゼット状（袴）

アオイスミレ
(葵菫)

スミレ科
スミレ属
多年生草本
花期：3～4月

白っぽい淡紫色花弁
唇弁に紫色の条線
花弁が波打つ

アカネスミレ
(茜菫)

スミレ科
スミレ属
多年生草本
花期：3～4月

濃紅紫色の唇形花
1株に花が多い
全体に毛が多い

アケボノスミレ
（曙菫）

スミレ科
スミレ属
多年生草本
花期：４～５月

淡紅紫色（曙色）の花
白花種もある
花時に葉は展開せず

エイザンスミレ
（叡山菫）

スミレ科
スミレ属
多年生草本
花期：４～５月

白色～淡紅紫色の花
花に芳香がある
葉は細かく切れ込む

オカスミレ
（丘菫）

スミレ科
スミレ属
多年生草本
花期：４～５月

紅紫色や濃紅紫色花
稀に白色花もある
側弁基部に毛

タチツボスミレ
（立坪菫）

スミレ科
スミレ属
多年生草本
花期：３〜５月

花は薄紫色
葉は円いハート形
茎は立ち上がる

ニオイタチツボスミレ
（匂立坪菫）

スミレ科
スミレ属
多年生草本
花期：３〜５月

紅紫色で基部は白色
花に芳香がある
立坪菫に似る

マキノスミレ
（牧野菫）

スミレ科
スミレ属
多年生草本
花期：３〜５月

葉は細長く光沢あり
花には変異が多い
別名「ホソバスミレ」

マルバスミレ
（丸葉菫）

スミレ科
スミレ属
多年生草本
花期：４～５月

花冠は白色
唇弁に僅かに紫条線
葉は円心形で平開

セントウソウ
（仙洞草）

セリ科
セントウソウ属
多年生草本
花期：４～５月

複散形花序の小花
まっ白な５枚の花弁
和名の由来は不明

アカヤシオ
（赤八汐）

ツツジ科
ツツジ属
落葉小高木
花期：４～５月

花は明るい淡紅紫色
花冠は５深裂
ヤシオは「栃木県花」

ヤブツバキ
（藪椿）

ツバキ科
ツバキ属
常緑小高木
花期：2～4月

花冠は紅色で5裂
葉のクチクラ層発達
種子から椿油を採取

ヒゲネワチガイソウ
（髭根輪違草）

ナデシコ科
ワチガイソウ属
多年生草本
花期：4～5月

ハコベに似た白色花
花弁は5～7枚
葉は互生し仮輪生状

クサイチゴ
（草苺）

バラ科
キイチゴ属
落葉小低木
花期：4～5月

花弁は白色で5枚
中央雌蕊、周囲雄蕊
赤熟果実は甘く食用

モミジイチゴ
（紅葉苺）

バラ科
キイチゴ属
落葉小低木
花期：３〜５月

下向きの白色５弁花
掌状葉・茎には刺
橙黄色の果実は食用

クサボケ
（草木瓜）

バラ科
ボケ属
落葉小低木
花期：４〜５月

橙赤色の５弁花
雄花と雌花（両性花）
別名「しどみ」

ヒカリゴケ
（光苔）

ヒカリゴケ科
ヒカリゴケ属
小型のコケ植物
原始的な一属一種

球状のレンズ状細胞
葉緑体を含み光を反射
エメラルド色に輝く

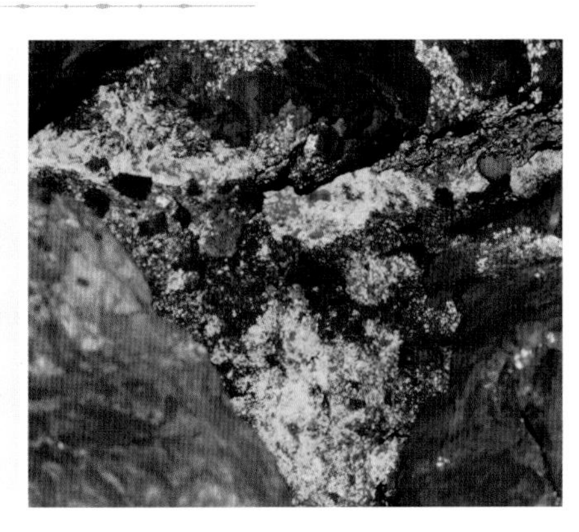

コブシ
（辛夷）

モクレン科
モクレン属
落葉高木
花期：３～４月

芳香ある白色６弁花
花弁の基部は帯紅色
花の下に一枚の小葉

カタクリ
（片栗）

ユリ科
カタクリ属
多年生草本
花期：３～４月

下向きの紅紫色の花
平均８年目に開花
陽光が当たると開く

シュンラン
（春蘭）

ラン科
シュンラン属
常緑の多年生草本
花期：３～４月

黄緑色～緑色の花冠
花は横向きにつく
唇弁に濃紅紫色斑

アオキ（雄花）
（青木）

アオキ科
アオキ属
常緑低木
花期：４～５月

雌雄異株
４枚の紫褐色の花弁
葉には苦味健胃作用

ミツバアケビ
（三葉木通）

アケビ科
アケビ属
つる性の落葉木本
花期：４～５月

総状花序を下垂
基部に濃紫色の雌花
先の方に密に雄花

マルバコンロンソウ
（丸葉崑崙草）

アブラナ科
タネツケバナ属
一年生草本（越年草）
花期：４～５月

短い有毛の総状花序
白色の十字状４弁花
葉は円形から卵形

チゴユリ
（稚児百合）

イヌサフラン科
チゴユリ属
多年生草本
花期：４〜５月

緑色を帯びた白色花
花弁３枚＋萼片３枚
花冠は斜め下向き

ホウチャクソウ
（宝鐸草）

イヌサフラン科
チゴユリ属
多年生草本
花期：４〜５月

淡緑白色の花が下垂
花の形が宝鐸に似る
全草に悪臭がある

ヒメイワカガミ
（姫岩鏡）

イワウメ科
イワカガミ属
常緑の多年生草本
花期：４〜５月

花冠は漏斗型で５裂
先が裂けた白色花冠
葉の表面に艶がある

ウスバサイシン
（薄葉細辛）

ウマノスズクサ科
カンアオイ属
多年生草本
花期：４～５月

萼筒はカボチャ状
萼先端は三裂三角状
萼の内壁は暗紫色

フタバアオイ
（双葉葵）

ウマノスズクサ科
カンアオイ属
常緑の多年生草本
花期：４～５月

花弁状の３枚の萼片
椀形で白色～淡紫色
葉は葵の御紋の原形

アカカタバミ
（赤酢漿草・赤片喰）

カタバミ科
カタバミ属
多年生草本
花期：４～８月

鮮やかな黄色５弁花
クローバーに似た葉
４葉など多葉変異

オトコヨウゾメ
（男ようぞめ）

ガマズミ科
ガマズミ属
落葉低木
花期：４～５月

疎らな散房花序
花冠は５中裂、斜開
白色ときに帯紅色

コバノガマズミ
（小葉の莢蒾）

ガマズミ科
ガマズミ属
落葉低木
花期：４～５月

平頂な散房花序
白色の花冠は５裂
葉柄が約 5mm と短い

ニワトコ
（接骨木）

ガマズミ科
ニワトコ属
落葉低木
花期：３～６月

円錐状の集散花序
花冠は黄白色５深裂
花弁は卵形で反曲

センボンヤリ(春)
(千本槍)

キク科
センボンヤリ属
多年生草本
花期：春は4～5月
秋は9～10月

春は舌状花と筒状花
葉は根元にロゼット状
別名「紫蒲公英」

カントウタンポポ
(関東蒲公英)

キク科
タンポポ属
多年生草本
花期：3～6月

多数の黄色の舌状花
総苞外片は圧着
全体に細身で繊細

ハハコグサ
(母子草)

キク科
ハハコグサ属
越年草または多年草
花期：4～5月

黄色の頭状花序
多数の黄色の頭花
春の七草の「御行」

フキ（雄花）
（蕗）

キク科
フキ属
多年生草本
花期：３～４月

雌雄異株
独特の香り苦味痺れ
春の山菜のひとつ

ヤブレガサ(新葉)
（破れ傘）

キク科
ヤブレガサ属
多年生草本
出葉：４～５月

絹毛の根出葉が１枚
葉は掌状に７～９裂
少し開いた破れ傘状

イチリンソウ
（一輪草）

キンポウゲ科
イチリンソウ属
多年生草本
花期：４～５月

５～６個の白色萼片
多数の雄蕊と雌蕊
葉は羽状に切れ込む

ニリンソウ
（二輪草）

キンポウゲ科
イチリンソウ属
多年生草本
花期：４～５月

５枚前後の白色萼片
稀に紅紫色を帯びる
２つ目の花は遅れる

ヒメリュウキンカ
（姫立金花）

キンポウゲ科
キンポウゲ属
多年生草本
花期：４～５月

光沢のある黄色花弁
リュウキンカに似る
ヨーロッパ原産

トウゴクサバノオ
（東国鯖の尾）

キンポウゲ科
シロカネソウ属
越年草または多年草
花期：４～５月

淡黄色の５枚の萼片
橙黄色花弁は蜜腺化
果実が「鯖の尾」の形

クロモジ(雄花)

(黒文字)

クスノキ科
クロモジ属
落葉低木
花期：４～５月

雌雄異株・枝に芳香
雄花は黄色６花被片
雌花は少し小型

ナツグミ

(夏茱萸)

グミ科
グミ属
落葉低木
花期：４～５月

萼は淡黄色先端４裂
両性花または雄花
５～６月に赤い果実

ジロボウエンゴサク

(次郎坊延胡索)

ケシ科
キケマン属
多年生草本
花期：４～５月

花は紅紫色～青紫色
花冠は４裂し平開
白色筒状の距・有毒

ムラサキケマン
（紫華鬘）

ケシ科
キケマン属
多年生草本
花期：４～５月

直立した総状花序
紅紫色の筒状の花冠
全草にプロトピン毒

クサノオウ
（瘡の王）

ケシ科
クサノオウ属
多年生草本
花期：４～５月

４枚の鮮黄色の花弁
茎葉には有毒な乳汁
猛毒のアルカロイド

シラユキゲシ
（白雪芥子）

ケシ科
シラユキゲシ属
多年生草本
花期：４～５月

４枚の白色の花弁
黄色の雄蕊と雌蕊
中国名は「血水草」

ウラシマソウ
（浦島草）

サトイモ科
テンナンショウ属
多年生草本
花期：４～５月

暗紫色の仏炎苞
内部には肉穂状花序
紐状の付属体をもつ

ホトケノザ
（仏の座）

シソ科
オドリコソウ属
一年生草本（越年草）
花期：３～５月

紅紫色の唇形花
閉鎖花が多数混在
葉が仏の蓮座に似る

カキドオシ
（垣通し）

シソ科
カキドオシ属
多年生草本
花期：４～５月

淡紅紫色の唇形花
下唇に濃紅紫色の斑
垣根もスルー

ツクバキンモンソウ
（筑波金紋草）

シソ科
キランソウ属
多年生草本
花期：４～５月

淡紫色の唇形花
花冠の上唇が短い
ニシキゴロモの変種

タツナミソウ
（立浪草）

シソ科
タツナミソウ属
多年生草本
花期：５～６月

一方向を向いた花序
紫～淡紅紫色唇形花
白色種もある

エンレイソウ
（延齢草）

シュロソウ科
エンレイソウ属
多年生草本
花期：４～５月

花冠は緑色～褐紫色
花弁は無く萼片３枚
３枚の葉が輪生

ミツマタ
（三椏・三叉）

ジンチョウゲ科
ミツマタ属
落葉低木
花期：３～４月

枝先に黄色頭状花序
花弁無く萼筒が集合
萼筒の内面は鮮黄色

ウグイスカグラ
（鶯神楽）

スイカズラ科
スイカズラ属
落葉低木
花期：４～５月

淡紅色の漏斗状花冠
花の先は５裂し平開
６月頃液果が赤熟

ベニバナノツクバネウツギ
（紅花の衝羽根空木）

スイカズラ科
ツクバネウツギ属
落葉低木
花期：５～６月

橙色～紅色の筒状花
花冠は筒状鐘型５裂
内側に白色の長毛

スミレ
（菫）

スミレ科
スミレ属
多年生草本
花期：４～５月

菫色（深い紫色）の花
和名「スミレ」
葉はへら型で先が丸い

ツボスミレ
（坪菫）

スミレ科
スミレ属
多年生草本
花期：４～５月

白色花、稀に薄紫色
唇弁に紫色の条線
葉は円いハート形

フモトスミレ
（麓菫）

スミレ科
スミレ属
多年生草本
花期：４～５月

白色唇弁に紫色条線
距は短く丸い感じ
斑入葉の個体も多い

ヒトリシズカ
（一人静）

センリョウ科
チャラン属
多年生草本
花期：４～５月

花弁も萼もない
白色の雄蕊の花糸
草姿は静御前の舞姿

ハルトラノオ
（春虎の尾）

タデ科
イブキトラノオ属
多年生草本
花期：３～４月

白色花の穂状花序
白いのは萼で５深裂
雄蕊には真っ赤な葯

トウゴクミツバツツジ
（東国三葉躑躅）

ツツジ科
ツツジ属
落葉小高木
花期：４～５月

紅紫色の花冠
漏斗状で５深裂
葉は枝先に３枚輪生

ヒカゲツツジ
（日陰躑躅）

ツツジ科
ツツジ属
常緑低木
花期：４～５月

クリーム色の花冠
花冠は漏斗状５中裂
シャクナゲに近い

ヤマツツジ
（山躑躅）

ツツジ科
ツツジ属
暖地常緑・寒地落葉
花期：４～５月

朱色漏斗状で５中裂
上裂片に濃い朱色斑
雄蕊５本・花柱無毛

ハコベ
（繁縷）

ナデシコ科
ハコベ属
一年生草本（越年）
花期：３～６月

白色２深裂花弁５枚
見た目には花弁10枚
春の七草のひとつ

ハナイカダ(雌花)
(花筏)

ハナイカダ科
ハナイカダ属
落葉低木
花期：４月

雌雄異株
葉の中心に緑色の花
若葉はおひたし等に

ウワミズザクラ
(上溝桜)

バラ科
ウワミズザクラ属
落葉高木
花期：４月

ブラシ状の総状花序
白色の５枚の花弁
約30本の雄蕊超出

ニガイチゴ
(苦苺)

バラ科
キイチゴ属
落葉低木
花期：４～５月

上向きの白色の花
花弁は５枚
集合果は食用可

ヘビイチゴ
（蛇苺）

バラ科
キジムシロ属
多年生草本
花期：４～５月

５枚の黄色の花弁
果実は無毒だが無味
３出複葉、鋸歯有り

ミツバツチグリ
（三葉土栗）

バラ科
キジムシロ属
夏緑性の多年生草本
花期：３～５月

黄色の５枚の花弁
雄蕊、雌蕊とも多数
３小葉、裏面帯紫色

ヤマザクラ
（山桜）

バラ科
サクラ属
落葉高木
花期：４月

白色～淡紅色５弁花
個体変異が多い
開花と出葉が同時

ヤマブキ
（山吹）

バラ科
ヤマブキ属
落葉低木
花期：４～５月

ヤマブキ色の５弁花
多数の雄蕊をもつ
果実は暗褐色の分果

コナラ（雄花）
（小楢）

ブナ科
コナラ属
落葉高木・陽樹
花期：４～５月

雄花序は黄褐色下垂
雌花序は短く数個
雑木林の代表的樹種

フジ（ノダフジ）
（藤・野田藤）

マメ科
フジ属
つる性の落葉性木本
花期：４～５月

長い紫色の総状花序
花は基部から咲く
蔓は左肩上りに巻く

コクサギ(雄花)
(小臭木)

ミカン科
コクサギ属
落葉低木・全体有毒
花期：４～５月

雌雄異株
雄花序は総状で緑色
雌花は緑色で単生

サンショウ(雄花)
(山椒)

ミカン科
サンショウ属
落葉低木
花期：４～５月

雌雄異株
枝先に円錐花序
葉や果実は香辛料

ミヤマシキミ(雌花)
(深山樒)

ミカン科
ミヤマシキミ属
常緑低木・全体有毒
花期：４～５月

雌雄異株
散房状の円錐花序
多数の白色の４弁花

イタヤカエデ
(板屋楓)

ムクロジ科
カエデ属
落葉高木
花期：4～5月

黄色の複散房花序
雄花と両性花が混生
葉は掌状に5～7裂

ウリカエデ(雄花)
(瓜楓)

ムクロジ科
カエデ属
落葉低木
花期：4～5月

雌雄異株
淡黄色の総状花序
樹皮に濃緑色の筋

イカリソウ
(碇草)

メギ科
イカリソウ属
落葉性の多年生草本
花期：4～5月

花冠は特異な碇形
花弁は4枚で赤紫色
貯蜜のため距が突出

シロイカリソウ
（白碇草）

メギ科
イカリソウ属
多年生草本
花期：４～5月

碇形の花冠
花弁は白色～淡黄色
イカリソウの白花種

マルバアオダモ
（丸葉青梻）

モクセイ科
トネリコ属
落葉高木
花期：４～5月

雌雄異株
円錐花序白色４弁花
野球のバットの材料

カヤラン
（榧蘭）

ラン科
カヤラン属
着生性の常緑多年草
花期：４～5月

下向きの黄色の花
唇弁に紅紫色の斑紋
葉は２列の榧の葉状

オシダ（雄羊歯）　　オシダ科オシダ属

大形で逞しい夏緑性のシダ植物。食用にはならないが、駆虫薬として利用される薬用植物である。

ツノハシバミ　カバノキ科ハシバミ属の落葉低木

3月中頃、葉が出るより先に、赤くイソギンチャクのような雌花と黄褐色で尾状に下垂する雄花を展開する。

オオバヤシャブシ　カバノキ科の落葉小高木

枝先に雌花、下に雄花。根粒菌と共生し、荒地でも育つ。

アズマイチゲ（東一華）　キンポウゲ科イチリンソウ属

8～13枚の花弁状の萼片。花弁はない。葉は浅く3葉に切れ込む。スプリングエフェメラルの一種。花期は4～5月。

ネコヤナギ（雄花）　ヤナギ科ヤナギ属の落葉低木

3月～4月頃に川辺に咲く。銀鼠色の花穂をネコの尾に見立てた。

ネコノメソウ(猫の目草)　ユキノシタ科ネコノメソウ属

目立たない花は直径 2mm、雄蕊は 4 個。果実が猫の目状に縦裂。花期は 4 ～ 5 月。

カツラの雄花　カツラ科カツラ属の落葉高木

雌雄異株。花弁も萼もなく、多数の雄蕊だけがある。基部は苞に包まれる。雌花には3～5本の紅色の雌蕊がある。花期は4～5月。

アマナ（甘菜）　ユリ科アマナ属の多年草

4～5月頃に咲く小さなチューリップのような可愛い花。球根が甘く食用。

ヤマフジ（山藤）　マメ科フジ属のつる性の木本

4～5月頃、紫色の蝶型花の総状花序をつける。花は基部から先端までほぼ同時に咲く。つるは右肩上がりに巻く。

ヒナスミレ（雛菫）　スミレ科スミレ属

スミレ界の「プリンセス」。全体に小振りで、ピンク色の可憐な花。日当たりの良い登山道の脇などに咲く。

ユウシュンラン
（祐舜蘭）

ラン科
キンラン属
多年生草本
花期：４～５月

２～５個の白色の花
花は半開状隙間あり
葉は退化し鱗片状

フデリンドウ
（筆竜胆）

リンドウ科
リンドウ属
多年生草本
花期：４～５月

青紫色の漏斗状花冠
１つの茎から多数の花
太陽が当たると開く

コアジサイ
（小紫陽花）

アジサイ科
アジサイ属
落葉低木
花期：６～７月

複散房花序
淡青色の５弁花が密集
両性花。装飾花はない

ヤマアジサイ
（山紫陽花）

アジサイ科
アジサイ属
落葉低木
花期：５～６月

中心に両性花
周辺に装飾花（萼片）
葉光沢少、先が長く尖

ウツギ
（空木）

アジサイ科
ウツギ属
落葉低木
花期：５～６月

円錐花序
鐘形で白色の５弁花
「卯の花」と呼ばれる

イヌナズナ
（犬薺）

アブラナ科
イヌナズナ属
一年生草本（越年草）
花期：４～６月

総状又は散房状花序
黄色の４弁花（十字花）
食べられないナズナ

イヌガラシ
（犬辛子）

アブラナ科
イヌガラシ属
多年生草本
花期：４～９月

黄色の総状花序
十字状の黄色の４弁花
果実は棒状の長角果

キショウブ
（黄菖蒲）

アヤメ科
アヤメ属
多年生草本
花期：４～６月

鮮やかな黄色の花弁
外花被片３枚は下垂
内花被片３枚は立つ

シャガ
（射干・著莪）

アヤメ科
アヤメ属
多年生草本
花期：４～５月

淡紫白色の花被片６枚
橙黄色と紫色の斑紋
３倍体なので結実せず

ニワゼキショウ
（庭石菖）

アヤメ科
ニワゼキショウ属
多年草（一部一年草）
花期：5～6月

6枚の花被片は平開
花色は赤紫または白
北米原産の一日花

オオバノイノモトソウ
（大葉の井の許草）

イノモトソウ科
イノモトソウ属
常緑性のシダ植物
葉柄は麦藁色～褐色

1回羽状複葉
羽片の辺縁は鋸歯状
胞子嚢は辺縁にできる

ウワバミソウ（雄花）
（蟒蛇草）

イラクサ科
ウワバミソウ属
多年生草本
花期：4～7月

雌雄異株
雄花は緑白色散形花
雌花は球状で無柄

ウラジロ
（裏白）

ウラジロ科
ウラジロ属
常緑性のシダ植物
7月：ソーラス形成

ソーラスは黄緑色
羽片は2回羽状深裂
正月飾りのひとつ

ヤマウルシ
（山漆）

ウルシ科
ウルシ属
落葉小高木
花期：5～6月

雌雄異株
下垂する円錐状花序
多数の黄緑色の小花

オオバアサガラ
（大葉麻殻）

エゴノキ科
アサガラ属
落葉高木
花期：5～6月

長い円錐花序を下垂
多数の白色花
花弁5枚、雄蕊10本

エゴノキ

（えごのき）

エゴノキ科
エゴノキ属
落葉小高木
花期：５～６月

下垂する白色花・芳香
花冠は５深裂、半開
果実は「えぐい」

ベニシダ

（紅羊歯）

オシダ科
オシダ属
常緑性のシダ植物
４月の出葉時には紅色

葉は成長すると緑色
２回羽状複葉
若い胞子嚢も紅色

ガマズミ

（莢蒾・浦染）

ガマズミ科
ガマズミ属
落葉低木
花期：５～６月

白色小花の散房花序
花冠は５深裂し平開
葉柄は長く 10 ～ 25mm

ゴウソ
（郷麻）

カヤツリグサ科
スゲ属
多年生草本
花期：５月

雌小穂は下垂する
雄頂小穂は褐色棒状
別名「タイツリスゲ」

ハルジオン
（春紫苑）

キク科
アズマギク属
多年生草本
花期：４〜７月

花は白色〜ピンク色
数百もの細い舌状花
茎は中空・北米原産

キツネアザミ
（狐薊）

キク科
キツネアザミ属
一年生草本（越年草）
花期：５〜６月

紅紫色の筒状花のみ
総苞片に突起がある
薊のような刺はない

コウゾリナ
（剃刀菜・顔剃菜）

キク科
コウゾリナ属
一年生草本（越年草）
花期：５～９月

やや疎らな散形花序
頭花は黄色の舌状花
茎や葉に黒褐色剛毛

ニガナ
（苦菜）

キク科
ニガナ属
多年生草本
花期：５～７月

頭花は散房状につく
５個の黄色の舌状花
白い汁を含み苦味あり

ハナニガナ
（花苦菜）

キク科
ニガナ属
多年生草本
花期：５～７月

黄色の頭花を散開
舌状花は８～10個
白花種は「シロバナニガナ」

ジシバリ(イワニガナ)
(地縛り・岩苦菜)

キク科
ノニガナ属
多年生草本
花期：4～5月

1～3輪の頭状花序
頭花はすべて舌状花
葉は卵形～広卵形

オオジシバリ
(大地縛)

キク科
ノニガナ属
一年生～多年生草本
花期：4～5月

2～3個の黄色頭花
頭花はすべて舌状花
葉はへら状長楕円形

キリ
(桐)

キリ科
キリ属
落葉高木
花期：5～6月

大きな円錐花序
淡い紫色の筒状花
葉は大きく広卵形

ウマノアシガタ
（馬の脚形）

キンポウゲ科
キンポウゲ属
多年生草本
花期：４〜６月

数個の集散状花序
光沢ある鮮黄色５弁花
全草に強い毒性

キツネノボタン
（狐の牡丹）

キンポウゲ科
キンポウゲ属
多年生草本
花期：５〜８月

光沢ある鮮黄色５弁花
強い毒性がある
集合果は金平糖状

ナルコユリ
（鳴子百合）

クサスギカズラ科
アマドコロ属
多年生草本
花期：４〜5月

緑白色筒状花
３〜５個の花が下垂
茎は丸く稜がない

ミヤマナルコユリ
（深山鳴子百合）

クサスギカズラ科
アマドコロ属
多年生草本
花期：５月

緑白色の筒状花
１〜２個の花が下垂
茎に稜、葉は卵形

ヒメコウゾ
（姫楮）

クワ科
カジノキ属
落葉低木
花期：４〜５月

上方に赤紫色の雌花
下方に黒褐色の雄花
赤色の集合果は甘い

トキワハゼ
（常盤櫨）

サギゴケ科
サギゴケ属
一年生草本
花期：４〜９月

小さな唇形花
花冠上唇は淡紅紫色
下唇はほぼ白色３裂

ムラサキサギゴケ
（紫鷺苔）

サギゴケ科
サギゴケ属
多年生草本
花期：４〜９月

淡紫色〜紅紫色唇形
上唇は狭卵形で２深裂
下唇は３裂し橙色斑紋

シロバナサギゴケ
（白花鷺苔）

サギゴケ科
サギゴケ属
多年生草本
花期：４〜５月

花茎に疎らに白色花
紫鷺苔の白花種
中央の隆起部は黄色

コナスビ
（小茄子）

サクラソウ科
オカトラノオ属
多年生草本
花期：５〜６月

花冠は黄色で５深裂
見た目は５弁花状
果実がなすびに似る

マムシグサ
（蝮草）

サトイモ科
テンナンショウ属
多年生草本
花期：４〜６月

雌雄異株
仏炎苞中に肉穂花序
全草毒だが漢方薬に

サルトリイバラ（雌花）
（猿採り茨）

サルトリイバラ科
サルトリイバラ属
多年生草本
花期：４〜５月

雌雄異株
球状の散形花序
花被片は淡黄緑色

タチシオデ（雄花）
（立牛尾菜）

サルトリイバラ科
サルトリイバラ属
多年生草本
花期：４〜５月

雌雄異株
半球形の散形花序
花弁は黄緑色で平開

シシガシラ
（獅子頭）

シシガシラ科
シシガシラ属
常緑性のシダ植物
胞子期：8〜9月

栄養葉は緑ロゼット状
胞子葉は細く茶褐色
茎に茶褐色の鱗片
日本固有種

オカタツナミソウ
（丘立浪草）

シソ科
タツナミソウ属
多年生草本
花期：5〜6月

5〜10個の唇形花
淡紫色〜濃紫色
花の向きはあちこち

ラショウモンカズラ
（羅生門葛）

シソ科
ラショウモンカズラ属
多年生草本
花期：4〜5月

鮮かな紫色の唇形花
下唇弁は下方に反曲
「切断された鬼の腕」とか

コウホネ
（河骨）

スイレン科
コウホネ属
水生の多年生草本
花期：５～８月

鮮黄色の５枚の萼片
花弁は長方形で多数
根茎の中は白骨の色

ゼンマイ
（薇）

ゼンマイ科
ゼンマイ属
シダ植物
胞子期：5月

栄養葉は緑色長楕円
胞子葉は褐色で棒状
新芽は綺麗な渦巻き状
代表的な春の山菜

フタリシズカ
（二人静）

センリョウ科
チャラン属
多年生草本
花期：４～5月

１～５本の穂状花序
花弁もがく片もない
白い雄蕊が子房を包む

ウスノキ
（臼の木）

ツツジ科
スノキ属
落葉低木
花期：４～５月

花冠は黄緑色釣鐘型
先端は５浅裂し反曲
萼筒は釣鐘型で５稜

ナツハゼ
（夏櫨）

ツツジ科
スノキ属
落葉低木
花期：５～６月

水平な総状花序
下向きの壺状の花冠
赤みのある淡黄緑色

コメツツジ
（米躑躅）

ツツジ科
ツツジ属
半落葉低木
花期：６～７月

小さな白色の花冠
花冠は４～５中裂
雌蕊１本・雄蕊は５本

アブラツツジ
（油躑躅）

ツツジ科
ドウダンツツジ属
落葉低木
花期：５～６月

下垂した総状花序
つぼ状の緑白色花冠
先端は５浅裂し反曲

マユミ（雌花）
（檀・真弓）

ニシキギ科
ニシキギ属
落葉小高木
花期：５～６月

雌雄異株
緑白色花の集散花序
花弁は４枚

サワフタギ
（沢蓋木）

ハイノキ科
ハイノキ属
落葉低木
花期：５～６月

白色の円錐花序
雄蕊25～40本と多数
果実は鮮やかな瑠璃色

クマイチゴ
（熊苺）

バラ科
キイチゴ属
落葉低木
花期：５月

５枚の白色の花弁
花弁間にすき間がある
葉は掌状に３～５中裂

コゴメウツギ
（小米空木）

バラ科
スグリウツギ属
落葉低木
花期：５～６月

今年枝に散房花序
多数の黄白色の小花
５弁花で中心は黄色

ナンキンナナカマド
（南京七竈）

バラ科
ナナカマド属
落葉低木
花期：５月

枝先に複散房花序
多数の黄緑色の小花
花序の基部に托葉

ノイバラ
（野茨）

バラ科
バラ属
落葉低木
花期：５～６月

枝先に円錐花序
芳香のある白色花
花弁５枚、雄蕊多数

ズミ
（酢実）

バラ科
リンゴ属
落葉小高木
花期：４～６月

蕾のうちは紅色
開花するとほぼ白色
花弁は５枚、雄蕊多数

ヒメハギ
（姫萩）

ヒメハギ科
ヒメハギ属
多年生草本
花期：４～６月

淡紫色の筒状花
下側花弁先端は房状
側萼片２枚は花弁状

ツクバネ(雌花)
(衝羽根)

ビャクダン科
ツクバネ属
落葉低木
花期：4～5月

雌雄異株
雌花は枝先に1個
4枚の羽状の緑色苞

コモチマンネングサ
(子持ち万年草)

ベンケイソウ科
マンネングサ属
一年生草本（越年草）
花期：5～6月

黄色の5弁花
多くは花粉不形成
葉基部にムカゴを形成

アカマツ(雌花)
(赤松)

マツ科
マツ属
常緑の針葉樹・陽樹
花期：4～5月

雌雄同株で雌雄異花
雄花は楕円形で房状
雄花の後に雌花開花

ジャケツイバラ
（蛇結茨）

マメ科
ジャケツイバラ属
つる性の落葉木本
花期：５月

大きな黄色総状花序
５枚の鮮黄色の花弁
雄蕊と基部は朱赤色

シロツメグサ
（白詰草）

マメ科
シャジクソウ属
多年生草本
花期：５〜９月

球状の頭状花序
白色の蝶型花の集合
別名「クローバー」

アカツメグサ
（赤詰草）

マメ科
シャジクソウ属
多年生草本
花期：５〜８月

球状の頭状花序
紅紫色蝶形花の集合
別名「ムラサキツメクサ」

ミズキ
（水木）

ミズキ科
ミズキ属
落葉高木
花期：５月

階段状に白色散房花序
多数の白色４弁の小花
扇形で階段状の枝葉

ゴンズイ
（権萃）

ミツバウツギ科
ゴンズイ属
落葉小高木
花期：５～６月

よく分岐した円錐花序
多数の緑白色の小花
雌蕊１本＋雄蕊５本

ミツバウツギ
（三葉空木）

ミツバウツギ科
ミツバウツギ属
落葉低木
花期：５月

若枝の先に円錐花序
花冠は白色の５弁花
完全には開かない

トチノキ
（栃の木・橡の木）

ムクロジ科
トチノキ属
落葉高木
花期：5月

大形の白色円錐花序
白色の花冠には紅斑
良質なミツバチの蜜源

バイカイカリソウ
（梅花碇草）

メギ科
イカリソウ属
多年生草本
花期：4～5月

白色の総状花序
花弁は4枚、距はない
碇形ではなく梅花形

ナンテン
（南天）

メギ科
ナンテン属
常緑低木
花期：5～6月

白色小花の円錐花序
雄蕊も雌蕊も鮮黄色
「難を転ずる」縁起木

イボタノキ
（水蝋樹・疣取木）

モクセイ科
イボタノキ属
落葉低木
花期：５～６月

白色小花の総状花序
花は筒状漏斗形で４裂
雄蕊２本、雌蕊は短い

ホオノキ
（朴の木）

モクレン科
モクレン属
落葉高木
花期：５月

上向きの白色大形花
花被片は９～12枚
芳香がある

イヌツゲ(雄花)
（犬柘植）

モチノキ科
モチノキ属
常緑小高木
花期：５～６月

雌雄異株・花弁は４枚
雄花はクリーム色
雌花は黄緑色の小花

ユキノシタ
（雪の下）

ユキノシタ科
ユキノシタ属
多年生草本
花期：５～６月

白色花の円錐花序
上小花弁に紅紫色斑
下大花弁２枚は不同

キンラン
（金蘭）

ラン科
キンラン属
多年生草本
花期；４～５月

鮮黄色の総状花序
花弁５枚、全開せず
唇弁に赤褐色の隆起

ギンラン
（銀蘭）

ラン科
キンラン属
多年生草本
花期：４～５月

白色の総状花序
花弁５枚、全開せず
高さは 10 ～ 25cm

ササバギンラン
（笹葉銀蘭）

ラン科
キンラン属
多年生草本
花期：５～６月

白色花の穂状花序
花は殆ど開かない
花の下に葉状の苞

セッコク
（石斛）

ラン科
セッコク属
常緑の着生性多年草
花期：５～６月

花冠は白色や淡紅色
芳香がある
樹上や岩などに着生

ネジバナ
（捻花）

ラン科
ネジバナ属
多年生草本
花期：５～８月

ピンク色の小唇弁花
螺旋状に多数の小花
右巻：左巻＝１：１

ツルアリドオシ
（蔓蟻通し）

アカネ科
ツルアリドオシ属
常緑の多年生草本
花期：6～7月

常に2個の白色の花
花冠の先は普通4裂
2つの花の子房が合着

ガクアジサイ
（額紫陽花）

アジサイ科
アジサイ属
落葉低木
花期：6～7月

新枝先に散房花序
両性花＋装飾花(萼)
葉は厚く無毛で光沢

ヤマハタザオ
（山旗竿）

アブラナ科
ヤマハタザオ属
一年生草本（越年草）
花期：5～6月

茎頂に総状花序
小さな白色の4弁花
旗竿のように直立する

オオアワガエリ

（大粟還り）

イネ科
アワガエリ属
多年生草本
花期：6～7月

花序は棒状に直立
多数の小穂が密生
別名「チモシー」

カモガヤ

（鴨萱）

イネ科
カモガヤ属
多年生草本
花期：5～7月

広い円錐花序
小穂は扁平な楕円形
「花粉症」の原因種

クサヨシ

（草葦）

イネ科
クサヨシ属
多年生草本
花期：5～6月

直立した複総状花序
淡紫褐色の小穂が密集
高さ 70 ～ 180cm

トチバニンジン
（栃葉人参）

ウコギ科
トチバニンジン属
多年生草本
花期：６～７月

球状の散形花序
多数の黄緑色の小花
果実は８月頃に赤熟

ノキシノブ
（軒忍）

ウラボシ科
ノキシノブ属
常緑性のシダ植物
羽片は 20cm 前後

羽片は厚く先が尖る
ソーラスに包膜無し
羽片上半分に胞子嚢

カキノキ
（柿の木）

カキノキ科
カキノキ属
落葉高木
花期：５～６月

黄緑色の地味な花
果実は秋に赤熟
葉に抗菌作用がある

ホタルブクロ
（蛍袋）

キキョウ科
ホタルブクロ属
多年生草本
花期：6～7月

穂状の花序
紅紫色の釣鐘形花冠
関西では白色が主

ムラサキニガナ
（紫苦菜）

キク科
ムラサキニガナ属
多年生草本
花期：6～8月

大きな円錐花序
下向き紅紫色の頭花
頭花はすべて舌状花

ノアザミ
（野薊）

キク科
アザミ属
多年生草本
花期：5～8月

頭花は筒状花のみ
花は紫色、稀に白色
総苞は平滑で粘る

ヒメジョオン
（姫女苑）

キク科
アズマギク属
一年生草本（越年草）
花期：６～９月

白～薄紫色の頭状花
中央は黄色の筒状花
周辺は薄紫の舌状花

ハキダメギク
（掃溜菊）

キク科
コゴメギク属
一年生草本
花期：６～10月

枝先に径 5mm の頭花
中央に黄色の筒状花
周辺に白色舌状花５枚

テイカカズラ
（定家葛）

キョウチクトウ科
テイカカズラ属
つる性の常緑木本
花期：５～６月

白色花の散房状花序
基部は筒状で先端５裂
ジャスミン様の芳香

オオバギボウシ

（大葉擬宝珠）

クサスギカズラ科
ギボウシ属
多年生草本
花期：6～8月

大きな漏斗状の花
花は白色～淡紫色
下から上へ咲き登る

オオバジャノヒゲ

（大葉蛇の髭）

クサスギカズラ科
ジャノヒゲ属
多年生草本
花期：6～8月

やや曲がった穂状花序
花被は白色で6裂
葉は厚みがあり線形

イソノキ

（磯の木）

クロウメモドキ科
イソノキ属
落葉低木
花期：6～7月

黄緑色の集散花序
花は少し開くだけ
花弁は萼より小さい

エビネ（海老根） ラン科エビネ属

古い球茎を海老に見立てた。 花期は５月。花の色は変異が大きく、褐色〜緑褐色、唇弁は白〜淡紅色。 ジエビネとも。

マメヅタ　ウラボシ科のシダ植物。岩や樹木に着生

栄養葉は直径約2cmで肉厚でほぼ円形。細長い胞子葉は、茶褐色の2裂の胞子嚢群をもち、反り上がる。

メギ（目木）　メギ科メギ属の落葉低木

花期は4～5月。茎を煎じて洗眼に利用した。枝の節や葉の付け根に鋭い棘がある。別名は「コトリトマラズ」や「ヨロイドオシ」。

キジムシロ
（雉筵）

バラ科
キジムシロ属
多年生草本
黄色の５弁花

がく片も５枚
奇数羽状複葉
「雉が休む筵」の意

ヤブヘビイチゴ
（藪蛇苺）

バラ科
キジムシロ属
多年生草本
黄色の５弁花

三出複葉
花も葉も大きい
副萼片も大きい

オヘビイチゴ
（雄蛇苺）

バラ科
キジムシロ属
多年生草本
黄色の５弁花

集散花序
掌状複葉
小葉は５枚

ジュウニヒトエ（十二単）　シソ科キランソウ属の多年草

花期は４～５月。淡紫白色の唇形花で紫色の条線が入る。花が折り重なるように咲く姿を、宮中の女官の十二単に見立てた。

キュウリグサ（胡瓜草）　ムラサキ科キュウリグサ属

葉をもむとキュウリのような匂い。サソリ型花序。４月頃、美しい淡紫色の小さな花をつける。中心は黄色。

ワニグチソウ(鰐口草) クサスギカズラ科アマドコロ属

花期は５～６月。下垂した淡緑色の２個の筒状花を２個の苞が両側から挟む。それを仏堂や神社の軒下にある鰐口に見立てた。

アマドコロ（甘野老）クサスギカズラ科アマドコロ属

太い根茎の形がトコロ（山の芋）に似ていて、甘味がある。
4～5月頃、筒状で黄白色の花を1～2個ずつぶら下げる。

ジャケツイバラ（蛇結茨） *Caesalpinia decapetala*

豪華な鮮黄色の総状花序。 雄蕊の花糸は朱赤色。 すぐ上の鮮やかな黄色の小花弁にも、朱赤色の筋が走る。

ヤマウコギ(雌花)
(山五加木)

ウコギ科
ウコギ属
落葉低木
雌雄異株　花期：5～6月

散形花序
黄緑色5弁花
小葉は5枚・掌状複葉

タカノツメ(雌花)
(鷹の爪)

ウコギ科
タカノツメ属
落葉高木
雌雄異株 花期：5～6月

淡緑色散形花序
三出複葉
鷹の爪状の冬芽

ツルウメモドキ(雌花)
(蔓梅擬)

ニシキギ科
ツルウメモドキ属
つる性落葉木本
雌雄異株 花期：5～6月

集散花序
黄緑色5弁花
種子は鮮やかな橙赤色

夏
Summer
ママコナ

ヤマブキソウ
（山吹草）

ケシ科
ヤマブキソウ属
多年生草本
花期：５月

黄色の４枚の花弁
雄蕊は多数
萼は開花直前に落下

オカトラノオ
（丘虎の尾）

サクラソウ科
オカトラノオ属
多年生草本
花期：６～７月

大きな総状花序
多数の白い小さな花
花冠は深く５裂

ウツボグサ
（靭草）

シソ科
ウツボグサ属
多年生草本
花期：５～７月

角ばった花穂
鮮やかな紫色唇形花
上唇は平、下唇３裂

ムラサキシキブ
（紫式部）

シソ科
ムラサキシキブ属
落葉低木
花期：６～７月

左右１対の散房花序
花冠は淡紅紫色４裂
果実は美しい紫色

ヤブムラサキ
（藪紫）

シソ科
ムラサキシキブ属
落葉低木
花期：６～７月

葉腋に集散花序
紅紫色の花２～10個
萼や枝葉に毛が多い

スイカズラ
（吸葛）

スイカズラ科
スイカズラ属
常緑性のつる性木本
花期：５～７月

花弁は筒状上下２枚
銀色から金色に変化
甘い芳香がある

ミツバ
(三葉)

セリ科
ミツバ属
多年生草本
花期：6～7月

小さな白色の5弁花
葉は互生、3出複葉
葉や茎に上品な香り

イチヤクソウ
(一薬草)

ツツジ科
イチヤクソウ属
常緑性の多年生草本
花期：6～7月

緑白色の総状花序
花冠は下向きで5裂
雌蕊(花柱)は湾曲

バイカツツジ
(梅花躑躅)

ツツジ科
ツツジ属
落葉低木
花期：6～7月

枝先の葉下に白色花
花は広漏斗状で皿形
花冠上側に赤色斑

ネジキ
（捩木）

ツツジ科
ネジキ属
落葉小高木
花期：５～６月

細長い総状花序
下向きの白色壺状花
花冠の先は浅く５裂

ナツツバキ
（夏椿）

ツバキ科
ナツツバキ属
落葉高木
花期：６～７月

白色の５弁花
花弁の基部は合生
多数の雄蕊も合生

ツユクサ
（露草）

ツユクサ科
ツユクサ属
一年生草本
花期：６～９月

鮮やかな青色の花
花弁は３枚。下１枚は白色
午後には萎む一日花

ドクダミ
（蕺草）

ドクダミ科
ドクダミ属
多年生草本
花期：５～７月

黄緑色棒状の花序
多数の黄緑色の小花
４枚の白色の総苞片

ママコナ
（飯子菜）

ハマウツボ科
ママコナ属
一年生草本
花期：６～８月

紅紫色の唇形花
米粒状の白い膨らみ
針状の鋸歯をもつ苞

ウラジロノキ
（裏白の木）

バラ科
アズキナシ属
落葉高木
花期：５～６月

複散房花序
白色の５弁花
雄蕊は約 20 本

ナワシロイチゴ
（苗代苺）

バラ科
キイチゴ属
つる状の落葉小低木
花期：５～６月

紅紫色の５枚の花弁
平開する白色の萼
果実はジャムに適

シモツケ
（下野）

バラ科
シモツケ属
落葉低木
花期：６～７月

半球状の複散房花序
小さな桃色の５弁花
濃紅色～白色と多様

ダイコンソウ
（大根草）

バラ科
ダイコンソウ属
多年生草本
花期：６～９月

黄色の５弁花
雄蕊と雌蕊は多数
葉がダイコンに似る

テリハノイバラ
（照葉野茨）

バラ科
バラ属
つる性の落葉木本
花期：６～７月

白色の５枚の花弁
雄蕊多数、芳香あり
葉に光沢がある

コヒルガオ
（小昼顔）

ヒルガオ科
ヒルガオ属
つる性の多年生草本
花期：６～８月

花冠直径３～４cm
淡紅色で漏斗状
葉の基部が横に張出

ツタ
（蔦）

ブドウ科
ツタ属
つる性の落葉木本
花期：６～７月

集散花序
黄緑色の小さな花
花弁と雄蕊は５個

ヤブカラシ

（藪枯らし）

ブドウ科
ヤブカラシ属
つる性の多年生草本
花期：６～８月

散房状の集散花序
花弁は淡緑色で４枚
黄赤色のものは花盤

クリ（雌花と雄花）

（栗）

ブナ科
クリ属
落葉高木
花期：５～６月

雄花は黄白色で穂状
雌花には３個の子房
俗称「ヤマグリ」

マタタビ（両性花）

（木天蓼）

マタタビ科
マタタビ属
つる性の落葉木本
花期：６～７月

雌雄異株
雄花、両性花は白色
雌花は萼のみ、花弁無し

ネムノキ
（合歓の木）

マメ科
ネムノキ属
落葉高木
花期：６〜７月

枝先に頭状花序
淡紅色の長い雄蕊
モモのような甘い香り

ヤマボウシ
（山法師）

ミズキ科
ミズキ属
落葉高木
花期：５〜６月

４枚の白色の総苞片
中央に球状の集合花
小花は淡黄緑色４弁

ネズミモチ
（鼠糯）

モクセイ科
イボタノキ属
常緑小高木
花期：６月

疎らな円錐形花序
白色筒状漏斗状花冠
花冠は４中裂し反曲

アオハダ(雄花)

(青肌)

モチノキ科
モチノキ属
落葉高木
花期：５～６月

雌雄異株
黄緑色４弁花が束生
花弁は反曲する

ウメモドキ(雄花)

(梅擬)

モチノキ科
モチノキ属
落葉低木
花期：６～７月

雌雄異株
淡紫色～白色の小花
花弁は４～５枚

フウリンウメモドキ

(風鈴梅擬)

モチノキ科
モチノキ属
落葉低木
花期：６～７月

雌雄異株
細長い花柄をもつ
５枚の白色の花弁

ヨウシュヤマゴボウ
(洋種山牛蒡)

ヤマゴボウ科
ヤマゴボウ属
多年生草本
花期：６～９月

長い柄のある花穂
白色～淡紅色５弁花
全草有毒・北米原産

アカショウマ
(赤升麻)

ユキノシタ科
チダケサシ属
多年生草本
花期：６月

広円錐形複総状花序
花弁はへら状で線形
白色～淡紅色

クモキリソウ
(雲切草)

ラン科
クモキリソウ属
多年生草本
花期：６～８月

直立した総状花序
多くは淡緑色の花冠
葉は相対して２枚

ジガバチソウ
（似我蜂草）

ランン科
クモキリソウ属
多年生草本
花期：５～７月

直立した総状花序
淡緑色～暗紫褐色
唇弁に暗紫褐色条線

ツチアケビ
（土木通）

ラン科
ツチアケビ属
菌従属栄養植物
花期：６～７月

大きな複総状花序
花はクリーム色で肉厚
ナラタケとラン菌根

メマツヨイグサ
（雌待宵草）

アカバナ科
マツヨイグサ属
一年生草本（越年草）
花期：６～９月

花冠は黄色の４弁花
萼は４枚、雄蕊８本
夕方咲き、朝閉じる

タニタデ
(谷蓼)

アカバナ科
ミズタマソウ属
多年生草本
花期：7～8月

疎らな総状花序
白色の花弁が2枚
淡赤色の萼も2枚

クサアジサイ
(草紫陽花)

アジサイ科
クサアジサイ属
多年生草本
化期：7～9月

白色の散房状花序
両性花は小さく白色
装飾花は白色の萼片

ノリウツギ
(糊空木)

アジサイ科
ノリウツギ属
落葉小低木
花期：7～8月

白色の円錐状花序
多数の小さな両性花
周辺に白色の装飾花

ウド
（独活）

ウコギ科
タラノキ属
多年生草本
花期：８～９月

球状の散形花序
淡緑白色の５弁花
上部両性花・下部雄花

オオチドメ
（大血止）

ウコギ科
チドメグサ属
多年生草本
花期：６～９月

球状の単散形花序
淡緑白色の５弁花
葉は腎円形

オトギリソウ
（弟切草）

オトギリソウ科
オトギリソウ属
多年生草本
花期：７～８月

５枚の黄色の花弁
花弁や萼、葉に黒点
多数の長い雄蕊

コケオトギリ
(苔弟切)

オトギリソウ科
オトギリソウ属
一年草ときに多年草
花期：7～8月

小さな黄色の5弁花
雄蕊は5～20本
高さは10cm前後

サワギク
(沢菊)

キク科
サワギク属
多年生草本
花期：7～8月

黄色の小さな頭花
舌状花は7～13枚
別名「ボロギク」

ノブキ
(野蕗)

キク科
ノブキ属
多年生草本
花期：8～9月

半球形の円錐形花序
内側には両性花
周辺には雌花が並ぶ

ヤブレガサ

（破れ傘）

キク科
ヤブレガサ属
多年生草本
花期：７～８月

円錐花序に頭花多数
白色の筒状花が集合
総苞は淡緑白色

オオカモメヅル

（大鴎蔓）

キョウチクトウ科
カモメヅル属
つる性の多年生草本
花期：７～８月

花冠は淡暗紫色で５裂
花冠裂片に縮れ毛
副花冠は星状に開出

ノギラン

（芒蘭）

キンコウカ科
ノギラン属
多年生草本
花期：７～８月

細長い総状花序
黄緑白色花被片６枚
雄蕊は６本

アキカラマツ
（秋唐松）

キンポウゲ科
カラマツソウ属
多年生草本
花期：８～９月

大きな円錐花序
萼片は4、淡黄白色
多数の雄蕊・花弁退化

レンゲショウマ
（蓮華升麻）

キンポウゲ科
レンゲショウマ属
多年生草本
花期：８月

内側に筒状の花弁
花弁の先は暗紫色
外側には花弁状の萼

コバギボウシ
（小葉擬宝珠）

クサスギカズラ科
ギボウシ属
多年生草本
花期：７～８月

花冠は筒状の釣鐘形
淡紫色～濃紫色の花
花冠の先は６裂

ジャノヒゲ
（蛇の髭）

クサスギカズラ科
ジャノヒゲ属
常緑性の多年生草本
花期：７～８月

葉の間に総状花序
花冠は白色～淡紫色
線形の細い葉が根生

ヒメヤブラン
（姫薮蘭）

クサスギカズラ科
ヤブラン属
常緑性の多年生草本
花期：７～８月

淡紫色の小さな花
花弁６枚、葯は黄色
葉は線形で根生する

タケニグサ
（竹似草・竹煮草）

ケシ科
タケニグサ属
多年生草本
花期：７～８月

大形白色の円錐花序
白いのは２枚の萼片
花弁は無い・有毒

シオデ（雄花）

（牛尾菜）

サルトリイバラ科
サルトリイバラ属
つる性の多年生草本
花期：７～８月

雌雄異株
緑色放射状散形花序
花被片が反り返る

ケナツノタムラソウ

（毛夏の田村草）

シソ科
アキギリ属
多年生草本
花期：６～８月

淡青紫色の穂状花序
花弁の毛が目立つ
雄蕊が長く突き出る

クサギ

（臭木）

シソ科
クサギ属
落葉小高木
花期：７～８月

円錐形の集散花序
芳香のある白い花
花冠は５裂し平開

ニガクサ
（苦草）

シソ科
ニガクサ属
多年生草本
花期：7～9月

細長い複集散花序
淡紅色の唇形花
萼に疎らに短毛

ツルニガクサ
（蔓苦草）

シソ科
ニガクサ属
多年生草本
花期：8月

密集した穂状花序
紅紫色の小唇形花
つる性ではなく茎は直立

オミナエシ
（女郎花）

スイカズラ科
オミナエシ属
多年生草本
花期：7～10月

黄色の散房花序
鮮黄色の花冠は5裂
「秋の七草」の一つ

ノカンゾウ
(野甘草)

ススキノキ科
ワスレグサ属
多年生草本
花期：7～8月

橙赤色の一重咲の花
花被片は6枚
別名「ベニカンゾウ」

ヤブカンゾウ
(藪甘草)

ススキノキ科
ワスレグサ属
多年生草本
花期：7～8月

橙赤色の八重咲の花
雄蕊や雌蕊が花弁化
3倍体で結実できず

ウマノミツバ
(馬の三葉)

セリ科
ウマノミツバ属
多年生草本
花期：7～9月

小型の白色散形花序
中央部に両性花
周辺部には雄花

ヤシュウハナゼキショウ
（野州花石菖）

チシマゼキショウ科
チシマゼキショウ属
常緑性の多年生草本
花期：７～８月

弓なりの総状花序
楚々とした白色小花
準絶滅危惧（Cランク）

ギンリョウソウ
（銀竜草）

ツツジ科
ギンリョウソウ属
菌根性従属栄養植物
花期：５～７月

クロロフィル無し
雌蕊の周辺は紫色
別　名「ユウレイタケ」

ホツツジ
（穂躑躅）

ツツジ科
ホツツジ属
落葉低木
花期：７～９月

枝先に円錐花序
花は白色から淡紅色
花冠は３裂し反曲

アオツヅラフジ
(青葛藤)

ツヅラフジ科
アオツヅラフジ属
つる性の落葉木本
花期：7～8月

雌雄異株
黄緑白色の円錐花序
花弁も萼片も6枚

アカメガシワ(雄花)
(赤芽柏)

トウダイグサ科
アカメガシワ属
落葉高木
花期：6～7月

雌雄異株
7～20cmの円錐花序
萼は淡黄色・花弁なし

タカトウダイ
(高燈台)

トウダイグサ科
トウダイグサ属
多年生草本
花期：6～8月

花茎は放射状
苞葉の中に黄色い花
白い乳液・全草有毒

マルバノホロシ
（丸葉の保呂志）

ナス科
ナス属
多年生草本
花期：7～9月

3～6個の集散花序
花冠は淡紫色で5裂
雄蕊が雌蕊を囲む

ハエドクソウ
（蠅毒草）

ハエドクソウ科
ハエドクソウ属
多年生草本
花期：6～8月

細長い疎らな花穂
白色～淡紅色の筒状花
有毒、蠅取り紙等に

ヒルガオ
（昼顔）

ヒルガオ科
ヒルガオ属
つる性の多年生草本
花期：7～8月

花冠は直径約5cm
淡紅色で漏斗状
朝開き、夕方しぼむ

ノブドウ
(野葡萄)

ブドウ科
ノブドウ属
つる性の落葉半低木
花期：7～8月

葉と対生して集散花序
緑黄色の小さな花
花弁5枚、雄蕊5本

エビヅル(雄花)
(蝦蔓)

ブドウ科
ブドウ属
つる性の落葉木本
花期：6～8月

雌雄異株
総状の円錐花序
黄緑色の小さな花

マンリョウ
(万両)

サクラソウ科
ヤブコウジ属
常緑小低木
花期：7～8月

散形または散房花序
白色花弁に紅斑点
花冠は筒状で5深裂

ヤブコウジ
（藪柑子）

サクラソウ科
ヤブコウジ属
常緑小低木
花期：７～８月

下向きの白い小花
花冠は５裂紫色斑紋
雄蕊５本、雌蕊１本

オニドコロ(雄花)
（鬼野老）

ヤモノイモ科
ヤマノイモ属
つる性の多年生草本
花期：７～８月

雌雄異株
雄花序は立ち黄緑色
雌花序は下垂し黄緑色

ヤマノイモ(雄花)
（山の芋）

ヤマノイモ科
ヤマノイモ属
つる性の多年生草本
花期：７～８月

雌雄異株
雄花序は白色で立つ
雌花序は黄緑色で下垂

チダケサシ
（乳茸刺）

ユキノシタ科
チダケサシ属
多年生草本
花期：7～8月

直立した円錐状花序
花弁はへら状淡紅色
葯は淡紅紫色～紫色

ウバユリ
（姥百合）

ユリ科
ウバユリ属
多年生草本
花期：7～8月

疎らな大形総状花序
花は緑白色で横向き
葉は輪生状5～6枚

ヤマユリ
（山百合）

ユリ科
ユリ属
多年生草本
花期：7～8月

白色の大形花冠
花弁中央に黄色の筋
花被片全体に紅斑紋

ウチョウラン
（羽蝶蘭）

ラン科
ウチョウラン属
多年生草本
花期：６～７月

花茎に 10 前後の花
花冠の色模様は様々
広線形の葉２～３枚

キンセイラン
（金精蘭・金星蘭）

ラン科
エビネ属
多年生草本
花期：６～７月

疎らな総状花序
黄緑色の花冠
スギ林の林床に咲く

オニノヤガラ
（鬼の矢柄）

ラン科
オニノヤガラ属
菌従属栄養植物
花期：６～７月

黄褐色の総状の花冠
萼が壺状に合着
共生菌はナラタケ菌

オオバノトンボソウ
（大葉の蜻蛉草）

ラン科
ツレサギソウ属
多年生草本
花期：6～7月

黄緑色の総状花序
距は長く下方に湾曲
葉は互生・茎に稜

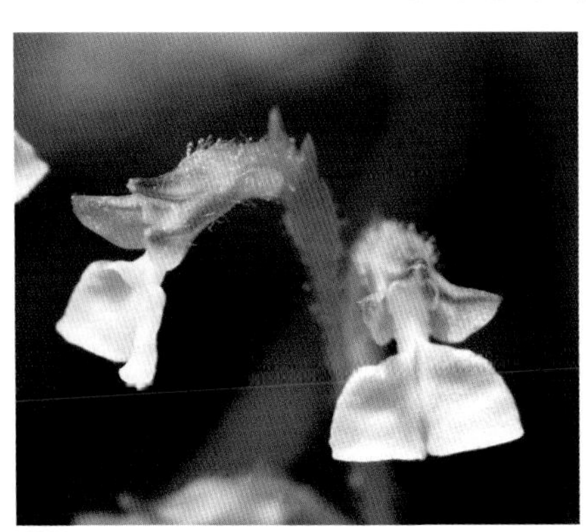

ハクウンラン
（白雲蘭）

ラン科
ハクウンラン属
多年生草本
花期：7～8月

数個の白い小さな花
唇弁は白い袴状
茎や萼片には軟毛

リョウブ
（令法）

リョウブ科
リョウブ属
落葉小高木
花期：7～8月

複円錐花序を頂生
白色の5弁花
雄蕊10本、萼5個

アカネ
（茜）

アカネ科
アカネ属
つる性の多年生草本
花期：８～９月

葉腋から集散花序
花冠は黄緑色で５裂
雄蕊は５本

ハシカグサ
（麻疹草）

アカネ科
ハシカグサ属
多年生草本
花期：８～９月

白色花を数個束生
花冠は４裂、筒状
萼には白い軟毛

ヘクソカズラ
（屁糞葛）

アカネ科
ヘクソカズラ属
つる性の多年生草本
花期：８～９月

短い集散花序
花冠の周辺部は白色
花冠の中心部は紅紫色

ミズタマソウ
（水玉草）

アカバナ科
ミズタマソウ属
多年生草本
花期：８～９月

白色花冠の総状花序
２枚の花弁は２浅裂
萼片２枚、雄蕊２本

タマアジサイ
（玉紫陽花）

アジサイ科
バイカアマチャ属
落葉低木
花期：７～９月

紫色の両性花の集団
周辺に白色の装飾花
蕾は玉のような球状

アリノトウグサ（雄性期）
（蟻の塔草）

アリノトウグサ科
アリノトウグサ属
多年生草本
花期：７～９月

頂生する複総状花序
花は茎の上に点々とつく
紫褐色の４枚の花弁

ササクサ
（笹草）

イネ科
ササクサ属
多年生草本
花期：８～９月

大きな円錐形の花序
小穂は細長い披針形
小穂に数個の花

チヂミザサ
（縮み笹）

イネ科
チヂミザサ属
一年生草本
花期：８～９月

小穂は淡黄緑褐色
小穂から３本の長毛
果実はひっつきむし

ムカゴイラクサ
（零余子刺草）

イラクサ科
ムカゴイラクサ属
多年生草本
花期：８～９月

茎頂に雌花序
茎の下部に雄花序
下部に褐色のムカゴ

アカソ
（赤麻）

イラクサ科
ヤブマオ属
多年生草本
花期：７～９月

茎の上方に雌花序
茎の下方に雄花序
葉は広卵形で先が３裂

カラムシ
（苧麻・茎麻）

イラクサ科
ヤブマオ属
多年生草本
花期：８～９月

茎の上方に雌花序
茎の下方に雄花序
雄花の花被片は４枚

クサコアカソ
（草小赤麻）

イラクサ科
ヤブマオ属
多年生草本
花期：８～10月

上部の葉腋に雌花序
下部の葉腋に雄花序
葉の鋸歯は10～20対

コアカソ
（小赤麻）

イラクサ科
ヤブマオ属
落葉低木
花期：8～9月

下雄花序、上雌花序
茎、葉柄、花柄は赤
葉の鋸歯は10対以下

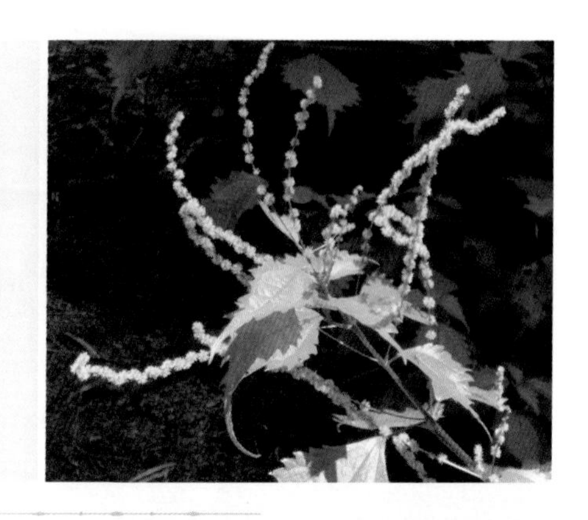

ナガバヤブマオ
（長葉藪麻苧）

イラクサ科
ヤブマオ属
多年生草本
花期：8～9月

茎の下部に雄花序
茎の上部に雌花序
葉は卵状長楕円形

メヤブマオ
（雌藪苧麻）

イラクサ科
ヤブマオ属
多年生草本
花期：8～9月

茎の下部に雄花序
茎の上部に雌花序
葉の先端は3尖裂

ウチョウラン（羽蝶蘭）　ラン科ウチョウラン属

低山の岩場に自生する地生のランの一種である。球根性の多年生草本で、花期は6～7月。斜上した花茎に10個前後の花をつける。
美しく可愛らしい花姿のため乱獲にあい、野生では非常に希少なものになった。絶滅危惧I類Aランク。

キンセイラン（金精蘭・金星蘭）　ラン科エビネ属

梅雨時の薄暗いスギ林の林床にひっそりと気高く咲く。絶滅危惧Ⅱ類Bランク。

ヒトツバカエデ
（一つ葉楓）

ムクロジ科
カエデ属
落葉高木
花期：5～6月

変則な雌雄同株
直立した総状花序
花弁は5枚淡黄色
卵状円心形の葉

ノビル
（野蒜）

ヒガンバナ科
ネギ属
多年生草本
花期：5～6月

帯薄紫色散形花序
花被片は6枚
小さな褐色の珠芽
鱗茎は辛いが食用

ウメガサソウ
（梅傘草）

ツツジ科
ウメガサソウ属
常緑の小低木
花期：6～7月

白色の花弁5枚
花はやや下向き
雌蕊は緑色球形

タチドコロ(立野老)の雌花　ヤマノイモ科ヤマノイモ属

5～7月。つる性が弱く、自身で立って生えることもある。雌雄異株。黄色の花弁は6枚。柱頭は3裂。退化した雄蕊が6個。

ナツノハナワラビ(夏の花蕨)　ハナヤスリ科ハナワラビ属

春に芽生え、秋に枯れる夏緑性のシダ植物。5～6月に胞子葉を出す。

ルリニワゼキショウ（瑠璃庭石菖） アヤメ科ニワゼキショウ属

5～6月　薄藍色の美しい花。花被片は青～青紫色で基部は黄色。雄しべが棍棒状に1本に合着。北アメリカ原産。

サカキ（榊） サカキ科サカキ属

6～7月　従来の分類ではツバキ科とされていたが、APG分類体系ではサカキ科として独立。神事に用いられる。

コクラン（黒蘭）　ランン科クモキリソウ属

7月　3～10個の花が総状につく。花は約1cmでつやのある暗紫色～暗紫褐色。唇弁はくさび状倒卵形で反曲。

ヤマハハコ（山母子）　キク科ヤマハハコ属

8～9月　茎の上部に淡黄色の頭花を散房状につける。白く花弁のように見えるのは総苞片。雌雄異株。

レンゲショウマ（蓮華升麻） *Anemonopsis macrophylla*

萼は花弁状で平らに開き、中央に筒状の花弁がある。
下を向いてシャンデリアのように咲く美しい花だ。

イワタバコ

アマチャヅル
（甘茶蔓）

ウリ科
アマチャヅル属
つる性の多年生草本
花期：8〜9月

雌雄異株・葉に甘味
房状の円錐花序
星形の黄緑色の小花

カラスウリ（雄花）
（烏瓜）

ウリ科
カラスウリ属
多年生草本
花期：7〜8月

雌雄異株
日没後白色花を開く
花弁の縁から網状に白い紐

ツバナ
（岨菜）

キキョウ科
ツリガネニンジン属
多年生草本
花期：7〜8月

疎らな円錐花序
青紫色漏斗状鐘形花
雌蕊は突出しない

ツリガネニンジン
（釣鐘人参）

キキョウ科
ツリガネニンジン属
多年生草本
花期：8～10月

花は花茎に輪生
淡紫色の釣鐘形花冠
若苗「ととき」は美味

ツルニンジン
（蔓人参）

キキョウ科
ツルニンジン属
つる性の多年生草本
花期：8～9月

花冠は釣鐘状で5裂
外側は黄白色
内側は赤紫色

ミゾカクシ
（溝隠）

キキョウ科
ミゾカクシ属
一年生草本
花期：8～9月

淡紅紫色の唇形花
横向き2＋下向き3
別名「アゼムシロ」

アキノノゲシ
（秋の野芥子）

キク科
アキノノゲシ属
一年生草本（越年草）
花期：8～10月

大形の円錐花序
頭花は淡黄色舌状花
茎葉は多数あり互生

ヤマニガナ
（山苦菜）

キク科
アキノノゲシ属
一年生草本（越年草）
花期：8～9月

狭い大きな円錐花序
多数の濃黄色の頭花
8～10個の舌状花

アキノキリンソウ
（秋の麒麟草）

キク科
アキノキリンソウ属
多年生草本
花期：8～10月

総状に黄金色の頭花
中心に両性の筒状花
周辺に雌性の舌状花

トネアザミ
（利根薊）

キク科
アザミ属
多年生草本
花期：8～10月

花冠は淡紅紫色
頭花は多数の筒状花
ナンブアザミの変種

ノハラアザミ
（野原薊）

キク科
アザミ属
多年生草本
花期：8～10月

花冠は紅紫色
多数の筒状花のみ
総苞は刺状に開出

クルマアザミ
（車薊）

キク科
アザミ属
多年生草本
花期：8～10月

頭花は紫色の筒状花
車輪上の葉状総苞
ノハラアザミの車咲き

オオハンゴンソウ
（大反魂草）

キク科
オオハンゴンソウ属
多年生草本
花期：８～９月

中心に黄緑色の筒状花
周辺に黄色の舌状花
特定外来生物・北米原産

ガンクビソウ
（雁首草）

キク科
ガンクビソウ属
多年生草本
花期：８～10月

頭花は黄色の筒状花
外側雌性、内側両性
総苞は緑色で卵球形

サジガンクビソウ
（匙雁首草）

キク科
ガンクビソウ属
一年生草本（越年草）
花期：８～10月

下向きの緑黄白色花
外側雌性、内側両性
根生葉がさじ形の葉

ヤブタバコ
（藪煙草）

キク科
ガンクビソウ属
一年生草本（越年草）
花期：8～10月

黄色の下向きの頭花
放射状に延びた横枝
総苞は鐘状で球形

モミジガサ
（紅葉傘）

キク科
コウモリソウ属
多年生草本
花期：8～9月

茎先に円錐形花序
帯紫色の白色の頭花
5個の両性の筒状花

ナガバノコウヤボウキ
（長葉の高野箒）

キク科
コウヤボウキ属
落葉小低木
花期：8～10月

葉を3～5枚束生
束生葉の中心に頭花
頭花は白色の筒状花

ノコンギク
（野紺菊）

キク科
シオン属
多年生草本
花期：９～10月

茎の先に散房状花序
白色～淡紫色の舌状花
総苞は長めの半球形

ユウガギク
（柚香菊）

キク科
シオン属
多年生草本
花期：８～10月

散房状花序
白色～淡紫色の舌状花
総苞が薄く平盤状

タカサブロウ
（高三郎）

キク科
タカサブロウ属
一年生草本
花期：８～９月

円盤状の頭花
周辺には白色の舌状花
中央に黄緑色の筒状花

キクイモ
（菊芋）

キク科
ヒマワリ属
多年生草本
花期：９月

舌状花も筒状花も黄色
塊茎にイヌリン貯蔵
俗に「天然インスリン」

ヒヨドリバナ
（鵯花）

キク科
ヒヨドリバナ属
多年生草本
花期：８〜９月

頭花は疎らな散房状
少数の白色の筒状花
花柱が糸状に２分岐

ベニバナボロギク
（紅花襤褸菊）

キク科
ベニバナボロギク属
多年生草本
花期：８〜10月

頭花は下向きにつく
花冠は全て筒状花
花冠上部はレンガ色

オクモミジハグマ
（奥紅葉白熊）

キク科
モミジハグマ属
多年生草本
花期：8～10月

穂状の頭状花序
頭花は3個の筒状花
花冠は白色、4～5裂

メタカラコウ
（雌宝香）

キク科
メタカラコウ属
多年生草本
花期：8～9月

鮮黄色の総状花序
舌状花は1～3個
下から上に咲き上る

キツネノマゴ
（狐の孫）

キツネノマゴ科
キツネノマゴ属
一年生草本
花期：8～10月

短い円筒形穂状花序
花冠は紫色の唇形花
大きい下唇は紅紫色

センニンソウ
（仙人草）

キンポウゲ科
センニンソウ属
蔓性の半低木か草本
花期：８～９月

円錐状の集散花序
４枚の白色の萼片
小葉は卵形・全草毒

ボタンヅル
（牡丹蔓）

キンポウゲ科
センニンソウ属
つる性の落葉半低木
花期：８～９月

円錐状集散花序・毒
白色の十字状４萼片
葉が牡丹の葉に似る

イワギボウシ
（岩擬宝珠）

クサスギカズラ科
ギボウシ属
多年生草本
花期：８～９月

漏斗状花冠・花被片６
花冠は薄紫色～紫色
葉柄に紫黒色の斑点

ツルボ
（蔓穂）

クサスギカズラ科
ツルボ属
多年生草本
花期：８～９月

花が密な総状花序
淡紅紫色の花被片６枚
雄蕊は６本・灰汁強し

ヤブラン
（藪蘭）

クサスギカズラ科
ヤブラン属
多年生草本
花期：８～９月

細長い総状花序
淡紫色の花被片６枚
光沢のある黒紫色種子

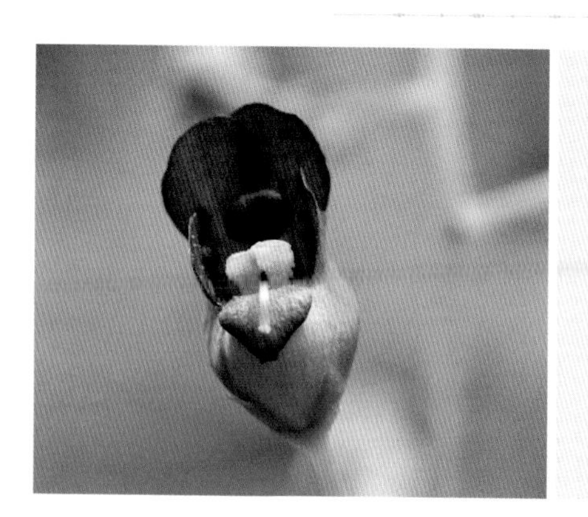

ヒナノウスツボ
（雛の臼壺）

ゴマノハグサ科
ゴマノハグサ属
多年生草本
花期：７～９月

疎らな円錐花序
花冠は暗紫色の壺形
雌蕊１本、先熟下曲

ヌマトラノオ
（沼虎の尾）

サクラソウ科
オカトラノオ属
多年生草本
花期：７～８月

直立した総状花序
多数の白色の小花
葉は小さく細長い

キバナアキギリ
（黄花秋桐）

シソ科
アキギリ属
多年生草本
花期：８～10月

花穂に数段の花
花冠は淡黄色で唇形
雌蕊は長く暗紫色

イヌコウジュ
（犬香薷）

シソ科
イヌコウジュ属
一年生草本
花期：９～10月

淡紅色の唇形花
花軸に開出毛が密生
葉の鋸歯は６～13対

ヒメジソ
（姫紫蘇）

シソ科
イヌコウジュ属
一年生草本
花期：9～10月

花軸には毛がない
白～淡紫色の唇形花
葉の鋸歯が4～6対

イヌトウバナ
（犬塔花）

シソ科
クルマバナ属
多年生草本
花期：8～10月

唇形花の散形花序
花は白色～淡紅紫色
茎は四角（方形）

ジャコウソウ
（麝香草）

シソ科
ジャコウソウ属
多年生草本
花期：9～10月

花冠は淡紅紫色～紅色
筒部が長い唇形
麝香の香りはしない

シュウカイドウ
（秋海棠）

シュウカイドウ科
シュウカイドウ属
多年生草本
花期：８～10月

集散花序・雌雄異花
上に雄花、下に雌花
「秋に咲く海棠」の意

カノツメソウ
（鹿の爪草）

セリ科
カノツメソウ属
多年生草本
花期：８～10月

疎らな複散形花序
小さな白色の５弁花
上部の葉は３出葉

ヒカゲミツバ
（日陰三つ葉）

セリ科
カノツメソウ属
多年生草本
花期：８～10月

やや密な複散形花序
花冠は小さな白色花
上部も２回３出複葉

ノダケ
(野竹)

セリ科
シシウド属
多年生草本
花期：9～10月

密な複散形花序
暗紫色の小さな花弁
花弁5枚、雄蕊5本

ハナタデ
(花蓼)

タデ科
イヌタデ属
一年生草本
花期：8～10月

花が疎らな総状花序
淡紅色～紅色5深裂
葉先が尾状に尖る

ミズヒキ
(水引)

タデ科
イヌタデ属
多年生草本
花期：8～9月

花が疎らな穂状花序
4萼片、花弁は無し
萼片の上半分が赤色

ギンミズヒキ
（銀水引）

タデ科
イヌタデ属
多年生草本
花期：8～10月

4枚の白色の萼片
萼のみで花弁はない
ミズヒキの白花品種

イタドリ（雄花）
（虎杖、痛取）

タデ科
ソバカズラ属
多年生草本
花期：8～9月

雌雄異株
白色の萼は5裂
雄花は雄蕊が長い

ヤブミョウガ
（藪茗荷）

ツユクサ科
ヤブミョウガ属
多年生草本
花期：8～9月

数段の集散花序
白色円形の萼片3枚
白色卵円形の花弁3枚

キツリフネ
（黄釣舟）

ツリフネソウ科
ツリフネソウ属
一年生草本
花期：7～9月

下垂した総状花序
唇弁は黄色で太い筒状
内面に赤褐色の斑点

オオニシキソウ
（大錦草）

トウダイグサ科
トウダイグサ属
一年生草本
花期：7～8月

枝先に杯状花序
白色部は腺体付属体
アメリカ大陸原産

イガホオズキ
（毬酸漿）

ナス科
イガホオズキ属
多年生草本
花期：8～10月

花は葉腋から下垂
広鐘形淡黄白色花冠
刺のある球状の液果

ヒヨドリジョウゴ
（鵯上戸）

ナス科
ナス属
つる性の多年生草本
花期：８～10月

疎らな集散花序
白い花冠は５裂反曲
雄蕊から雌蕊が突出

ハンカイシオガマ
（樊噲塩竈）

ハマウツボ科
シオガマギク属
半寄生の多年生草本
花期：８～９月

各枝先に花穂
花冠は唇形で紅紫色
萼は鐘型、先が５裂

オオヒキヨモギ
（大引蓬）

ハマウツボ科
ヒキヨモギ属
半寄生の多年生草本
花期：８～９月

灰黄色花冠で先端が紅い
花冠は左右非対称
希少な絶滅危惧種

ミヤマママコナ
（深山飯子菜）

ハマウツボ科
ミヤマママコナ属
多年生草本
花期：8～9月

花冠は紅紫色
花の奥両側に黄色斑
2個の米粒状の隆起

キンミズヒキ
（金水引）

バラ科
キンミズヒキ属
多年生草本
花期：8～10月

細長い総状花序
黄金色の5枚の花弁
黄色い雄蕊約12本

ワレモコウ
（吾亦紅・吾木香）

バラ科
ワレモコウ属
多年生草本
花期：8～10月

楕円形の穂状花序
萼片は4枚で暗紅色
花弁は無い

キツネノカミソリ
（狐の剃刀）

ヒガンバナ科
ヒガンバナ属
多年生草本
花期：８～９月

散形状に３花～５花
花弁は黄赤色で６枚
リコリンを含み有毒

アカザ（新葉）
（藜）

ヒユ科
アカザ属
一年生草本
花期：８～９月

新葉が美しい紅紫色
密に黄緑色の小花
シロザの変種

イノコヅチ
（猪の子槌）

ヒユ科
イノコヅチ属
多年生草本
花期：８～９月

細長い穂状花序
多数の緑色の小花
緑色で尖った３苞葉

ゲンノショウコ
（現の証拠）

フウロソウ科
フウロソウ属
多年生草本
花期：８～９月

白紫色の５枚の花弁
西日本では紅紫色
花柄に開出毛

クズ
（葛）

マメ科
クズ属
つる性の半低木
花期：８～９月

濃紅紫色の蝶形花
花は甘い芳香を発する
秋の七草のひとつ

ヤブツルアズキ
（藪蔓小豆）

マメ科
ササゲ属
つる性の一年生草本
花期：８～10月

葉腋から偽総状花序
鮮黄色の蝶型花
竜骨弁は捻じれる

ヌスビトハギ
（盗人萩）

マメ科
ヌスビトハギ属
多年生草本
花期：8〜9月

花が疎らな総状花序
花冠はピンク色
ひっつき虫の代表種

ノササゲ
（野大角豆）

マメ科
ノササゲ属
つる性の多年生草本
花期：8〜9月

花冠は淡黄色
萼は筒形で無毛
果実の鞘は鮮紫色

キハギ
（木萩）

マメ科
ハギ属
落葉低木
花期：8〜9月

葉腋から総状花序
淡いクリーム色の蝶形花
翼弁と旗弁の基部は紫色

ヤマハギ
(山萩)

マメ科
ハギ属
落葉半低木
花期：8～9月

柄の長い総状花序
紅紫色の蝶形花
「秋の七草」の一つ

ツクシハギ
(筑紫萩)

マメ科
ハギ属
落葉半低木
花期：8～10月

淡紅紫色の蝶形花
旗弁の周辺部が白色
翼弁が濃赤紫色

マルバハギ
(丸葉萩)

マメ科
ハギ属
落葉低木
花期：8～9月

短い紅紫色総状花序
花序が伸びない
花も葉も小さく丸い

イヌザンショウ
（犬山椒）

ミカン科
サンショウ属
落葉低木
花期：8～9月

雌雄異株
枝先に散房花序
緑白色の小さな花

マツカゼソウ
（松風草）

ミカン科
マツカゼソウ属
多年生草本
花期：8～9月

円錐状の集散花序
多数の白色の小花
花弁4枚・雄蕊に長短

ヤマジノホトトギス
（山路の杜鵑）

ユリ科
ホトトギス属
多年生草本
花期：8～10月

花被片は、内3＋外3
白い花被に紫色斑点
平開し、反り返らない

ミヤマウズラ
（深山鶉）

ラン科
シュスラン属
常緑の多年生草本
花期：8～9月

薄いピンク色の小花
鳥が翼を広げたよう
花冠や茎に細毛密生

カラスノゴマ
（鳥の胡麻）

アオイ科
カラスノゴマ属
一年生草本
花期：8～9月

花は１個ずつ下垂
黄色の５弁花
中心に仮雄蕊が５本

キヌタソウ
（砧草）

アカネ科
ヤエムグラ属
多年生草本
花期：7～9月

花茎に集散花序
白い小さな花冠
花冠は４裂、平開

カナムグラ(雄花)
(鉄葎)

アサ科
カラハナソウ属
つる性の一年生草本
花期：8～10月

雌雄異株
雄花は淡緑色
雌花は球状の穂状

ヒメヒオウギズイセン
(姫檜扇水仙)

アヤメ科
ヒオウギズイセン属
多年生草本
花期：7～9月

花茎から穂状花序
朱赤色の花被片
南アフリカ原産

ススキ
(芒)

イネ科
ススキ属
多年生草本
花期：8～10月

赤紫色の穂状花序
細い毛に覆われた実
別名「尾花」秋の七草

キヅタ
(木蔦)

ウコギ科
キヅタ属
常緑のつる性木本
花期：10～12月

球形の散形花序
多数の黄緑色の小花
黄緑色の花弁は５枚

タラノキ
(楤木)

ウコギ科
タラノキ属
落葉低木
花期：８～9月

大きな複散形花序
多数の淡緑白色小花
花弁は三角形で５枚

アブラガヤ
(油萱)

カヤツリグサ科
アブラガヤ属
湿地性の多年生草本
花期：８～10月

複散房状の花序
小穂は楕円形赤褐色
高さ１～1.5m

セイタカアワダチソウ
（背高泡立草）

キク科
アキノキリンソウ属
多年生草本
花期：9～10月

大形の黄色の円錐花序
頭花の中心に筒状花
周辺には舌状花

ヤクシソウ
（薬師草）

キク科
アゼトウナ属
一年生草本（越年草）
花期：9～10月

十数個の黄色舌状花
中央には筒状花
頭花は上向きに咲く

オケラ（両性花）
（朮）

キク科
オケラ属
多年生草本
花期：9～10月

雌花と両性花がある
花は白色～淡紅紫色
苞葉は針状に羽裂

タマブキ
（玉蕗・珠蕗）

キク科
コウモリソウ属
多年生草本
花期：8～9月

頭花は狭い円錐花序
5～6個の黄色小花
全てが両性の筒状花

カシワバハグマ
（柏葉白熊）

キク科
コウヤボウキ属
多年生草本
花期：9～10月

白～淡紫色の頭花
花被片は糸状
筒状花の裂片

コウヤボウキ
（高野箒）

キク科
コウヤボウキ属
落葉低木
花期：9～10月

枝先端に白色の頭花
頭花は筒状花の集合
花弁は細長く捩れる

サワシロギク
（沢白菊）

キク科
シオン属
多年生草本
花期：8～10月

疎らな散房状白色花
舌状花は7～12個
葉は細い披針形

シラヤマギク
（白山菊）

キク科
シオン属
多年生草本
花期：8～10月

疎らな白色の舌状花
花弁間に大きな隙間
中心部は黄色筒状花

ダンドボロギク
（段戸襤褸菊）

キク科
タケダグサ属
一年生草本
花期：9～10月

茎の上部に円錐花序
花冠は全て筒状花
花冠の先は淡黄色

サワヒヨドリ
（沢鵯）

キク科
ヒヨドリバナ属
多年生草本
花期：9～10月

密な散房状花序
頭花は淡紅紫色
筒状花の先は5裂

フクオウソウ
（福王草）

キク科
フクオウソウ属
多年生草本
花期：8～9月

疎らな円錐花序
下向きの紫白色舌状花
雄蕊の花粉は黄色

ブタクサ
（豚草）

キク科
ブタクサ属
一年生草本
花期：7～10月

雄花は長い総状花序
雌花は雄花序の基部につく
秋の花粉症の原因種

コメナモミ
（小雌菜揉）

キク科
メナモミ属
一年生草本
花期：9～10月

黄色の散房状花序
黄色の舌状花は3裂
内側に筒状花

キッコウハグマ
（亀甲白熊）

キク科
モミジハグマ属
多年生草本
花期：9～10月

頭花は3個の小花からなる
花冠は白色で5深裂
花はしばしば閉鎖花

ヨモギ
（蓬）

キク科
ヨモギ属
多年生草本
花期：9～10月

大きな円錐花序
花の中心に両性花
周辺には雌花

イヌショウマ
（犬升麻）

キンポウゲ科
サラシナショウマ属
多年生草本
花期：８～10月

穂状花序・雄蕊多数
花は白色で無柄
３回の３出複葉

オオバショウマ
（大葉升麻）

キンポウゲ科
サラシナショウマ属
多年生草本
花期：８～９月

穂状花序・雄蕊多数
花は白色で無柄
１回の３出複葉

サラシナショウマ
（晒菜升麻）

キンポウゲ科
サラシナショウマ属
多年生草本
花期：８～10月

長く大きな総状花序
花弁と萼は早く落下
ブラシ状の白色雄蕊

クサボタン
（草牡丹）

キンポウゲ科
センニンソウ属
半木本（下部木化）
花期：8～9月

円錐状の複集散花序
淡紫色の萼片が反曲
花弁は無い・有毒

アズマレイジンソウ
（東伶人草）

キンポウゲ科
トリカブト属
多年生草本
花期：9月

3～10個の総状花序
淡紅紫色・全草有毒
上萼片は長い円筒形

ヤマトリカブト
（山鳥兜）

キンポウゲ科
トリカブト属
多年生草本
花期：8～10月

花冠は青紫色～青色
かぶと状の萼片
植物最強の有毒植物

コメナモミ（小雌菜揉）　キク科メナモミ属

黄色の舌状花のまわりに腺毛で覆われた５枚の緑色の総苞片が大きく開いている。素晴らしい造形だ。

カラスウリの雌花（烏瓜）　ウリ科カラスウリ属

夜7時頃から開き始め、次の朝にはしぼむ。そのため夜に活動するスズメガの仲間に花粉を運んでもらう。

ヒガンバナ（彼岸花）　ヒガンバナ科ヒガンバナ属

花の後、ロゼット状に線形の葉を出し、翌春には枯れる。

カナムグラ雌花序
（鉄葎）

アサ科
カラハナソウ属
多年生草本
花期：8～10月

葉腋から球穂状の花序
苞は緑色で濃紫色の斑紋
茎や花柄に鋭い刺

オランダガラシ
（阿蘭陀辛子）

アブラナ科
オランダガラシ属
多年生草本
花期：5～7月

白色4弁の十字状の花
繁殖力が旺盛で野生化
ヨーロッパ原産・食用

キンエノコロ
（金狗尾）

イネ科
エノコログサ属
一年生草本
花期：8～9月

黄金色の剛毛が密生
ヨーロッパ原産
英名は yellow foxtail

キキョウ
（桔梗）

キキョウ科
キキョウ属
多年生草本
花期：6～10月

花冠は鐘型で星形に5裂
美しい青紫色
「秋の七草」のひとつ

イヌヨモギ
（犬蓬）

キク科
ヨモギ属
多年生草本
花期：8～10月

総状の円錐花序
花冠は筒状花で下向き
黄色く見えるのは花柱

ハグロソウ
（葉黒草）

キツネノマゴ科
ハグロソウ属
一年生草本
花期：6～10月

紅紫色の花冠
特徴的な上下2唇形花
花弁基部に濃紫色斑紋

カラスビシャク
（烏柄杓）

サトイモ科
ハンゲ属
多年生草本
花期：５～８月

緑色の小さな仏炎苞
肉穂花序の上方に雄花
下半分には雌花

イヌゴマ
（犬胡麻）

シソ科
イヌゴマ属
多年生草本
花期：７～８月

花は数段に輪生
淡い紅紫色の唇形花
下唇は３裂し濃紫色の斑

セリ
（芹）

セリ科
セリ属
多年生草本
花期：７～８月

傘状に白色の小さな花
独特の香りをもつ
「春の七草」の代表格

アイナエ
（藍苗）

マチン科
アイナエ属
一年生草本
花期：8～9月

長い枝先に小さな白色花
花冠は上向きで鐘形
花冠の先は4裂する

アレチヌスビトハギ
（荒地盗人萩）

マメ科
ヌスビトハギ属
多年生草本
花期：6～10月

紅紫色の旗弁
旗弁基部に黄緑色の斑
夕方には萎む・北米原産

タカサゴユリ
（高砂百合）

ユリ科
ユリ属
多年生草本
花期：7～9月

花冠は白色でラッパ状
花筒の外側が帯紅紫色
台湾（タカサング）原産

ツルボ（蔓穂）　キジカクシ科ツルボ属

日当たりの良い道端や土手などに咲く。卵球形の球根（鱗茎）にはデンプンが多く、飢饉の際には食料とされた。

ゲンノショウコの赤花（現の証拠）　フウロソウ科の多年草

東日本ではほとんどの個体が白紫色だが、西日本に多いとされる濃紅紫色花の個体が古賀志山にもお目見え。

ヤマトリカブト（山鳥兜）　*Aconitum japonicum*

美しい紫色の花をつけるが、全草猛毒。ドクゼリ、ドクウツギとともに「日本三大有毒植物」。但し漢方薬でもある。

フサフジウツギ
（房藤空木）

ゴマノハグサ科
フジウツギ属
落葉低木
花期：８～９月

赤紫色の円錐花序
筒状花冠は４裂平開
花冠外面に毛は無い

アキノタムラソウ
（秋の田村草）

シソ科
アキギリ属
多年生草本
花期：７～10月

青紫色の唇形花
花は数段に輪生
雄蕊が突出しない

シソ
（紫蘇）

シソ科
シソ属
一年生草本
花期：８～９月

穂状の総状花序
淡紫紅色の小唇形花
独特の芳香がある

テンニンソウ
（天人草）

シソ科
テンニンソウ属
多年生草本
花期：9～10月

茎頂に総状花序
淡黄色の小唇形花
長い雄蕊が目立つ

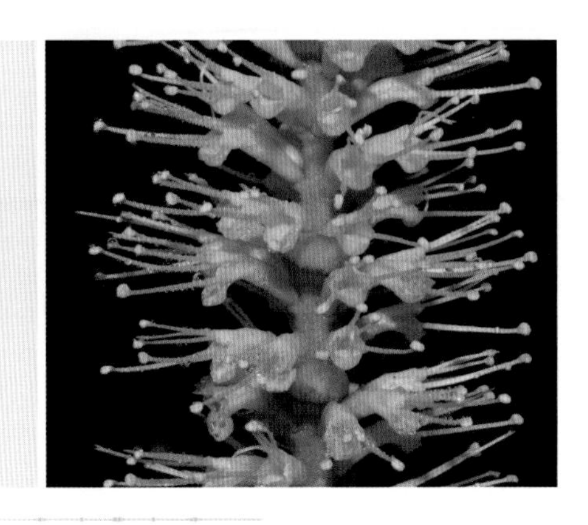

ナギナタコウジュ
（薙刀香薷）

シソ科
ナギナタコウジュ属
一年生草本
花期：9～10月

薙刀状の穂状花序
淡紫色の小唇形花
花が一方向につく

ヤマハッカ
（山薄荷）

シソ科
ヤマハッカ属
一年生草本
花期：9～10月

細長い総状花序
青紫色の小唇形花
雄蕊が花から出ない

オトコエシ
（男郎花）

スイカズラ科
オミナエシ属
多年生草本
花期：8～10月

散房状の集散花序
多数の白色の小花
花冠は先端が5裂

スベリヒユ
（滑り莧）

スベリヒユ科
スベリヒユ属
多肉質の一年生草本
花期：8～9月

枝先に黄色の小花
赤紫の茎と肉質の葉
食用・薬用（利尿剤）

アキノウナギツカミ
（秋の鰻掴み）

タデ科
イヌタデ属
つる性の一年生草本
花期：9～10月

枝頂に球状の花序
花被片（萼）は5深裂
葉は長披針形

イシミカワ
（石実皮）

タデ科
イヌタデ属
つる性の一年生草本
花期：8～10月

短い淡緑色の総状花序
淡緑色の5中裂萼片
果期に青藍色に変化

イヌタデ
（犬蓼）

タデ科
イヌタデ属
一年生草本
花期：8～10月

多数の紅色の小花
花被（萼）は5深裂
別名「アカマンマ」

タニソバ
（谷蕎麦）

タデ科
イヌタデ属
一年生草本
花期：8～10月

小さな頭状花序
花冠は非常に小さい
花被は白から淡紅色

ミゾソバ
（溝蕎麦）

タデ科
イヌタデ属
一年生草本
花期：7～10月

枝先に頭状花序
花被（萼）の先は5裂
葉は「牛の額」の形

ツリフネソウ
（釣舟草）

ツリフネソウ科
ツリフネソウ属
一年生草本
花期：9～10月

紅紫色の釣り船形の花
細い花柄で吊り下げ
細長い距は渦巻状

クコ
（枸杞）

ナス科
クコ属
落葉低木
花期：9～10月

淡紫色～紫色の花冠
花冠は漏斗状で5裂
果実は真っ赤に熟す

イヌホオズキ
（犬鬼灯）

ナス科
ナス属
一年生草本
花期：8～9月

枝分かれした総状花序
花冠は白色で5深裂
全草にソラニン毒

フユノハナワラビ
（冬の花蕨）

ハナヤスリ科
ハナワラビ属
冬緑性のシダ植物
花期：9～10月

栄養葉は葉軸が三岐
栄養葉の先は鈍頭
初夏には枯れる

フユイチゴ
（冬苺）

バラ科
キイチゴ属
つる状の常緑小低木
花期：9～10月

少数の花の円錐花序
緑白色の5弁花
赤熟した果実は食用可

ヒメキンミズヒキ
（姫金水引）

バラ科
キンミズヒキ属
多年生草本
花期：８～９月

細く疎らな穂状花序
鮮黄色の５弁花
花弁は細く長楕円形

コマツナギ
（駒繋ぎ）

マメ科
コマツナギ属
落葉小低木
花期：７～10月

やや密な総状花序
淡紅紫色の蝶形花
馬を繋げるほど丈夫

ナンテンハギ
（南天萩）

マメ科
ソラマメ属
多年生草本
花期：７～10月

腋性の総状花序
青紫色の蝶形花
別名「フタバハギ」

フジカンゾウ
（藤甘草）

マメ科
ヌスビトハギ属
多年生草本
花期：8～9月

長い総状花序
淡紅色の蝶形花
大きな奇数羽状複葉

ヤブマメ
（藪豆）

マメ科
ヤブマメ属
つる性の一年生草本
花期：9～10月

花は筒状で先は紫色
翼弁と竜骨弁は白色
葉は3小葉からなる

ダイモンジソウ
（大文字草）

ユキノシタ科
ユキノシタ属
多年生草本
花期：9～10月

白色花の集散花序
花弁5枚、大の字形
葯は橙赤色

アケボノソウ
（曙草）

リンドウ科
センブリ属
一年生草本（越年草）
花期：９～10月

花冠は白色で星型
花弁に黒紫色の斑点
２個の黄緑色の蜜腺

ツルリンドウ
（蔓竜胆）

リンドウ科
ツルリンドウ属
つる性の多年生草本
花期：８～10月

花冠は淡紫色の筒状花
細長く先端は５裂
液果は美しい暗紅色

ユウゲショウ
（夕化粧）

アカバナ科
マツヨイグサ属
多年生草本
花期：６～10月

径1cmの淡紅色の花
丸い花弁に濃紅色脈
雄蕊８本、葯は白色

ウリクサ
（瓜草）

アゼナ科
ハナウリクサ属
一年生草本（越年草）
花期：9～10月

花は1個ずつつく
淡紫色の唇形花
果実がウリに似る

オオアブラススキ
（大油芒）

イネ科
オオアブラススキ属
多年生草本
花期：8～9月

紫褐色の円錐花序
果実も無光沢紫褐色
高さ1～1.5m

メリケンカルカヤ
（米利堅刈萱）

イネ科
メリケンカルカヤ属
多年生草本
花期：9～10月

苞葉に包まれた花序
赤褐色になって越冬
北アメリカ原産

ミズ
（水）

イラクサ科
ミズ属
一年生草本
花期：10～11月

緑色無柄の集散花序
雄花は球形で小さい
雌花には３枚の花被片

コシアブラ
（漉油）

ウコギ科
コシアブラ属
落葉小高木
花期：９月

黄緑色の散形花序
黄緑色花弁は５枚反曲
春の山菜として人気

ヌルデ（雄花）
（白膠木）

ウルシ科
ヌルデ属
落葉小高木
花期：９月

雌雄異株
白色小花の穂状花序
葉の軸には翼がある

ヤマイ
（山藺）

カヤツリグサ科
テンツキ属
多年生草本
花期：7～10月

小穂は普通1個
小穂は黄褐色長卵形
鱗片は螺旋状につく

カントウヨメナ
（関東嫁菜）

キク科
シオン属
多年生草本
花期：10～11月

頭花は淡青紫色
葉は厚く粗い鋸歯
本州の関東以北に分布

シロヨメナ
（白嫁菜）

キク科
シオン属
多年生草本
花期：9～10月

白色の散房状花序
葉には粗い鋸歯
ノコンギクの亜種

センボンヤリ(秋)
(千本槍)

キク科
センボンヤリ属
多年生草本
花期：9～10月

約30～60cmの花茎
先端に槍状の閉鎖花
「千本槍」の名の由来

アメリカギク
(亜米利加菊)

キク科
アメリカギク属
多年生草本
花期：8～9月

アスターに似た花
紫色、白色、ピンク
北アメリカ東部原産

クワクサ
(桑草)

クワ科
クワクサ属
一年生草本
花期：9～10月

雄花と雌花が混じる
雄花も雌花も4裂
葉が桑の葉に似る

ミョウガ
（茗荷）

ショウガ科
ショウガ属
多年生草本
花期：８～10月

淡黄色の両性花
五倍体、結実せず
独特の香の蕾は食用

イボクサ
（疣草）

ツユクサ科
イボクサ属
湿地性の一年生草本
花期：８～９月

３枚の花弁・１日花
花弁の先半分は桃色
葉の汁でイボコロリ

アキニレ
（秋楡）

ニレ科
ニレ属
落葉高木
花期：９月

４～６個の両性花
花被は鐘型で４裂
雄蕊４本、雌蕊１本

ナンバンギセル
（南蛮煙管）

ハマウツボ科
ナンバンギセル属
一年生の寄生植物
花期：8～10月

ススキの根に寄生
淡紅紫色の筒状の花
先端は浅く５裂

ニラ
（韮）

ヒガンバナ科
ネギ属
多年生草本
花期：8～9月

半球形の散形花序
20～40の白色小花
花弁３枚＋苞３枚

ツルマメ
（蔓豆）

マメ科
ダイズ属
つる性の一年生草本
花期：8～9月

鮮紅紫色の小蝶形花
つるに茶褐色の逆毛
ダイズの原種

ネコハギ
（猫萩）

マメ科
ハギ属
多年生草本
花期：8～9月

葉腋に1～2個の白色花
旗弁に紅紫色斑紋
茎は地を這う

メドハギ
（筮萩）

マメ科
ハギ属
多年生草本
花期：8～10月

黄白色の蝶形花
旗弁に紅紫色斑
閉鎖花もつく

ヤハズソウ
（矢筈草）

マメ科
ヤハズソウ属
多年生草本
花期：8～10月

淡紅紫色の蝶形花
葉腋に1～2個つく
葉に矢筈状の葉脈

リュウノウギク
（竜脳菊）

キク科
キク属
多年生草本
花期：10～11月

中央に黄色の筒状花
周辺に白色の舌状花
葉は普通3中裂

キチジョウソウ
（吉祥草）

クサスギカズラ科
キチジョウソウ属
多年生植物
花期：10～11月

紅紫色の穂状花序
淡紅紫色の花冠
花冠は6深裂し反曲

チャノキ
（茶の木）

ツバキ科
ツバキ属
常緑・照葉の小高木
花期：10～11月

白色で円形の花弁
花弁は5～7枚
多数の黄色の雄蕊

ヒイラギ(雄花)
(柊)

モクセイ科
キンモクセイ属
常緑の小高木
花期：10～11月

雌雄異株・葉に刺
花冠は白色で4唇裂
金木犀に似た芳香

センブリ
(千振)

リンドウ科
センブリ属
一年生草本
花期：10～11月

花冠は5深裂
白色花弁に紫色条線
全草超苦味の健胃薬

リンドウ
(竜胆)

リンドウ科
リンドウ属
多年生草本
花期：10～11月

筒状の花が数個
濃紫色の花冠は5裂
嘗て根は苦味健胃薬

ネナシカズラ(根無し葛)　ヒルガオ科ネナシカズラ属

草や低木に絡みつき、寄主の茎の維管束に寄生根を差し込み養分を奪う寄生植物。発芽時の根は枯れる。花期は9～10月。

ヤツデ（八手）の雄花　ウコギ科ヤツデ属

独特な形をした大きな葉は、7か9の奇数に裂けることが多く、8つに裂けることはめったにない。花期は11～12月。

マルバルコウソウ（丸葉縷紅草）　ヒルガオ科サツマイモ属

7～10月に朱赤色のロート状5角形の花冠を開く。北アメリカ原産のつる性の一年生草本。

シロホトトギス（白杜鵑）　ユリ科ホトトギス属の多年草

白色で上向きの花冠は完全には開かず半開。花被片の基部に黄色斑。ホトトギスの白花品種。花期は8～10月。

アケボノソウ（曙草）　リンドウ科センブリ属

わずかにクリーム色がかった白い花冠を夜明けの空に、暗紫色の細点や緑黄色の腺点を星々に見立てた。この個体は、花弁が６枚の変わり者である。

ダイモンジソウ（大文字草） ユキノシタ科ユキノシタ属

花冠の上部の３枚の花弁は小さく、下部の２枚の花弁は長く大きく開く。花冠全体では漢字の「大」の字に見える。

ハダカホオズキ（裸酸漿）　ナス科ハダカホオズキ属

8～9月、葉腋から下がった花柄に淡黄色の花冠を下向きにつける。花冠の先は5裂し、反りかえる。果実は赤く熟する。

ハイメドハギ（這目処萩）　マメ科ハギ属

メドハギよりも紫色の部分が多く、蝶型花の旗弁の裏が紫、表の中央部も帯状に紫。舟弁も紫である。花期は8～10月。

コシオガマ(小塩竈)　ハマウツボ科コシオガマ属の半寄生植物

9月～10月に、枝の上部の葉腋に1個ずつ花をつける。花冠は淡紅紫色の筒状。下唇の隆起した部分に白い毛が生える。

アレチウリ(荒地瓜)**の雌花序**　ウリ科アレチウリ属

淡黄緑色の雌花序は球状。北米原産の特定外来生物で侵略的外来種ワースト100にランクインしている。

リンドウ（竜胆）　*Gentiana scabra var. buergeri*

青紫色の鐘状の花は、陽が当たると開く。茎と根を乾燥した「竜胆」は、竜の胆のように酷く苦い健胃薬。

センブリ（千振）　リンドウ科センブリ属

紫色の線のある花冠は深く５裂し、５枚の花弁のように見えるが、基部は合着しており合弁花である。生薬名は「当薬」。日本の３大民間薬の筆頭であろう。

果実
Berry

種子
Seed

サルトリイバラ

クサイチゴ
5～6月
あっさりとした甘味

モミジイチゴ
5～6月
一番美味しいイチゴ

トウゴクサバノオ
5～6月　花&「鯖の
尾」のような果実

ニガイチゴ
6月
生食可だが種子に苦味

ヘビイチゴ
6月　果床に光沢なし
毒では無いが、味も無い

ヤブヘビイチゴ
6月　果床は濃紅色で
光沢あり

ウグイスカグラ

5～6月

透明感のある赤色

ヤマザクラ

5～6月

果実酒は抗酸化性を持つ

クマイチゴ

6月

完熟すると黒っぽくなる

イタヤカエデ

6～7月

回転しながら飛ぶ翼果

キツネヤナギ

5～6月

白色の綿毛が飛散

ノアザミ

6月

冠毛により飛翔

アカカタバミ
5～8月
多数の種子を弾き飛ばす

ウワミズザクラ
7～8月
果実酒に適

クサボケ
7～8月
果実酒

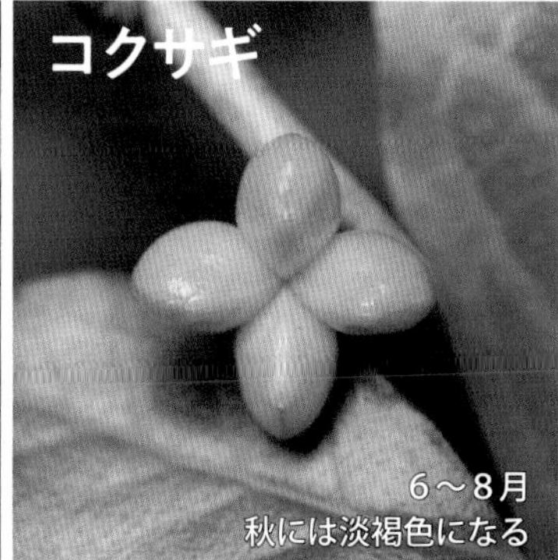
コクサギ
6～8月
秋には淡褐色になる

ニワトコ
6～8月
鳥の好物・果実酒

キツネノボタン
6～9月
金平糖状の集合果・有毒

ウスノキ

6～9月
食用可・酸味がある

ナワシロイチゴ

5～6月
ジャムに適

カザグルマ

6～7月
白色の毛をもつそう果

ヒメコウゾ

6～7月
甘味・生食可　鳥が散布

イソノキ

7～8月
赤～紫黒色の核果

トチバニンジン

7～8月
上半分が黒色の果実も

ミツバウツギ
6～7月
独特な形のさく果

ツチアケビ
7～8月
強精強壮薬「土通草」

ウリカエデ
6～7月
カエデ類特有の翼果

ヤマウコギ
7～8月
苦くてまずい液果

ハナイカダ
7～8月
甘味があり食用

ナルコユリ
8～9月
紫黒色の液果

タニタデ
7～8月
水玉の中に2個の種子

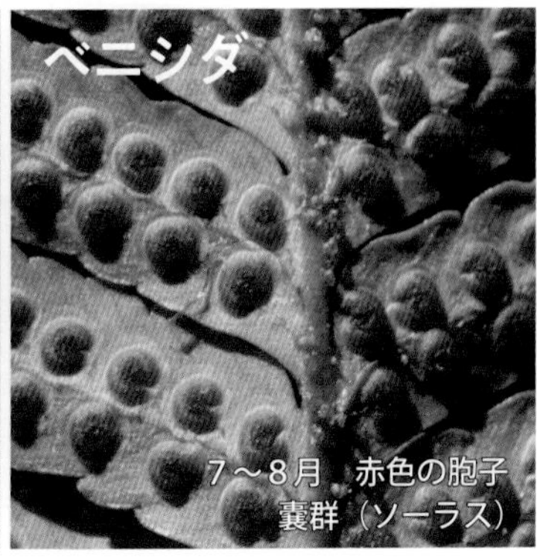
ベニシダ
7～8月　赤色の胞子
嚢群（ソーラス）

ミヤマナルコユリ
7～8月
藍黒色の液果

ジャケツイバラ
7～8月
種子は有毒

サワギク
7月
ボロのような白色の冠毛

フタリシズカ
6～7月
果序は下を向く

ネムノキ
8～9月
中に 10 ～ 18 個の種子

マンサク
8月
中には大きな種子が 2 個

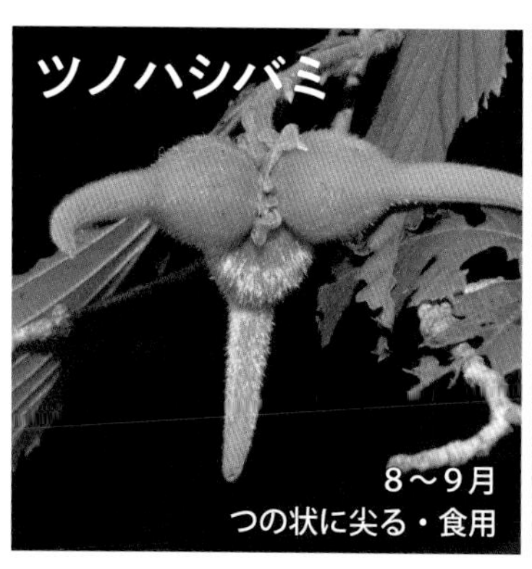
ツノハシバミ
8～9月
つの状に尖る・食用

ナンキンナナカマド
9～10 月
真っ赤なナシ状果

エビヅル
9～10 月
黒熟・生食可

イガホオズキ
8～9月
果実にいが状の突起

ムラサキニガナ
8月
白色の冠毛と黒色の種子

テリハノイバラ
10月
萼筒が肥大した偽果

ホオノキ
9～10月
オレンジ色の種子

ヤマニガナ
8月
白い冠毛をもつそう果

ウバユリ
10～11月
翼を持つ茶色の種子

マツカゼソウ
8～9月
種子は暗褐色

ナツミカン
8～9月
翌年初夏には酸味減少

ダイコンソウ
8～9月
先がかぎ形に屈曲

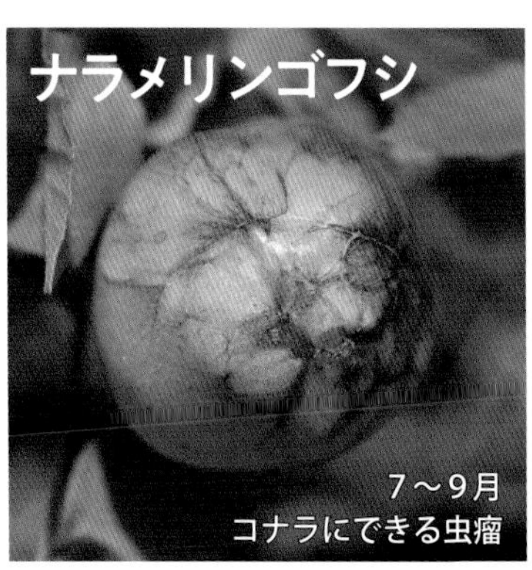
ナラメリンゴフシ
7～9月
コナラにできる虫瘤

エゴノキ
8～9月
ヤマガラの大好物

マタタビ
8～9月
ネコ陶酔

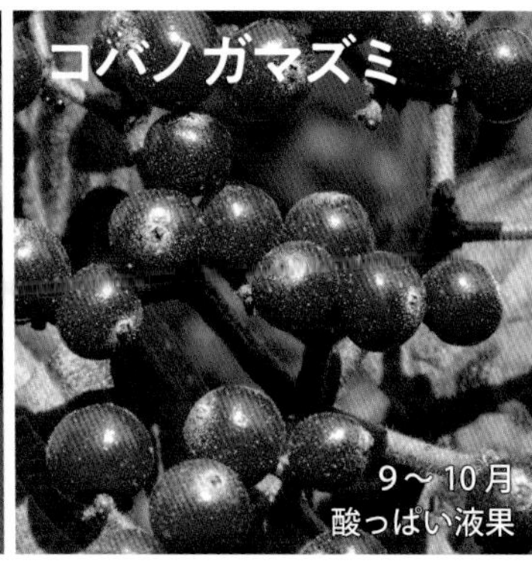
コバノガマズミ
9～10月
酸っぱい液果

ヤマウルシ
8～9月
漆分は少ない

タカノツメ
8～9月
黒紫色の液果

マムシグサ
9～11月
トウモロコシ状　有毒

チゴユリ
9～10月頃
黒色の液果

ミズタマソウ
8～9月
果実に溝と鈎状の毛

ナツハゼ
8～10月
ジャムや果実酒に適

ガマズミ
9～11月　食用可
鳥や動物に食べられ散布

トチノキ
9～10月
灰汁抜きしてトチ餅など

マユミ
10～11月
ピンクの果皮と赤い種子

シオデ
9～10月
黒熟

ノイバラ
9～11月
漢方では解毒薬

クサボタン
9～10月
羽毛状の絹毛

ツクバネ
9～10月
茶花や食用

ミズキ
9～10月
野鳥の好物

ゴンズイ
9～10月
赤色部は子房壁の内側

ヤマボウシ
9月
生食や果実酒に適

ツリガネニンジン
9～10月
種子は薄茶色

イヌツゲ
10月
雌雄異株

ヌスビトハギ
9～10月
抜き足差し足忍び足

ゲンノショウコ
9～10月
苦味健胃薬

イノコヅチ
9～10月
代表的なひっつきむし

オトコヨウゾメ
9～10月
渋いので果実酒に

ベニバナボロギク
10月
そう果の白色の冠毛

イヌザンショウ
9～10月
黒色の種子

キヌタソウ
9～10月
果実が砧に似るというが？

キヅタ
9～10月　成熟する
のは翌年の5月頃

タラノキ
9～10月
黒紫色の液果

フウリンウメモドキ
8～10月
雌雄異株

ツタ
9～10月
渋い

ツリフネソウ
9～10月
種子は弾け飛ぶ

オオバジャノヒゲ
9～10月
果実ではなく種子

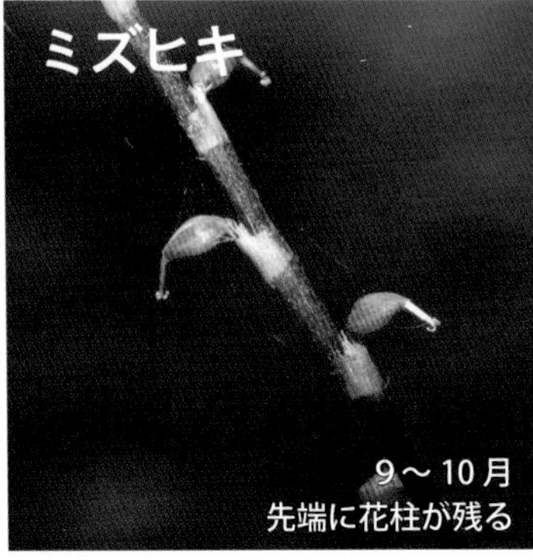
ミズヒキ
9～10月
先端に花柱が残る

タチシオデ
9～10月

ヘクソカズラ
9～10月
黄褐色の核果

ヤブミョウガ
9～10月
藍紫色は構造色

サンショウ
9～10月
強い辛味・雌雄異株

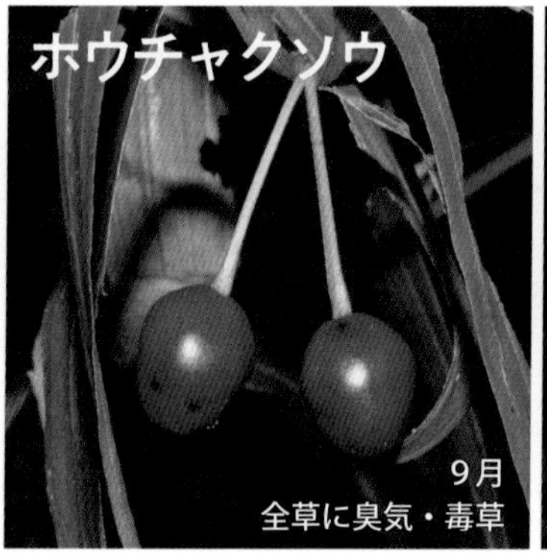
ホウチャクソウ
9月
全草に臭気・毒草

フジカンゾウ
9～10月
メガネのような節果

ノブキ
9～10月
果実が車軸状に並ぶ

コブシ
9～10月
凸凹した集合果

ヒサカキ
9～10月頃に黒熟
雌雄異株

アケビ
9～10月
甘いが種多し

ウメモドキ
9～10月
雌雄異株

コナラ
9～10月
どんぐり（団栗）

ネジキ
9～10月
果実は上向き

アカメガシワ
9～10月
雌雄異株

ヌルデ
9～10月
雌雄異株

サワフタギ
9～10月
るり色の歪んだ卵形

アブラチャン
9～10月
油を多く含む

ヤブツバキ
8～10月
種子からツバキ油

ズミ
9～10月
生食・ジャム・果実酒

キミズミ
（黄実酢実）
9～10月

ボタンヅル
10月
白毛もあるそう果

センニンソウ
10～11月
仙人の白い髭

カラスウリ
10月
雌雄異株

ヤマハギ
9～10月
豆果に種子は1個

シロミノコムラサキ
8～9月
コムラサキの白色種

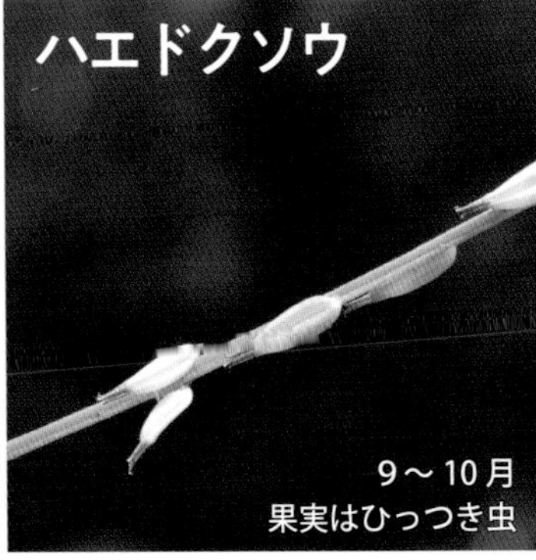

ハエドクソウ
9～10月
果実はひっつき虫

ヒナノウスツボ
9月
球形のさく果

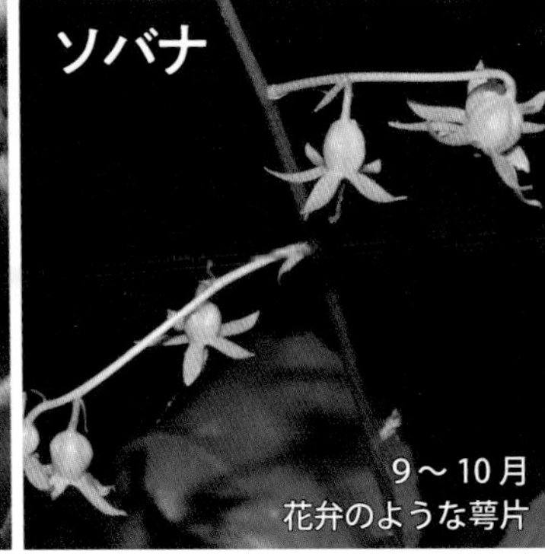

ソバナ
9～10月
花弁のような萼片

ギンリョウソウモドキ
9～10月
5裂したさく果

メリケンカルカヤ
10月
小穂に白い綿毛

ツルウメモドキ
10月
黄色の果皮と橙赤色の種子

コシアブラ
9～10月
黒紫色に熟する

ウド
9月
中にゴマ状の種子

キンミズヒキ
9月
果実に鈎状の刺

ツルアリドオシ
10～11月　2つの花
の子房が合着

ノササゲ
10～11月
果皮は紫、種子は青藍

ヤマトリカブト
10～11月
全草猛毒

カキノキ
10～11月
万能薬「医者いらず」

ムラサキシキブ
10～11月
美しい紫色の核果

ヤブムラサキ
10～11月
毛深い緑色の萼が残る

サルトリイバラ
10～11月
食べられるが味がない

ウラジロノキ
10～11月
果肉には石細胞が多い

マルバアオダモ
10月頃完熟
翼のある細長い果実

ヤマノイモ
10～11月
果実に丸い3枚の翼

ジャノヒゲ
10～11月
コバルトブルーの種子

マンリョウ
10～11月
美しい赤色の核果

イシミカワ
10～11月
美しい藍色の部分は萼

ネズミモチ
10～11月
ネズミの糞に似た果実

アオハダ
果期：9月
雌雄異株

クサギ
10～11月　藍色の果
実、赤紫色の萼

アオツヅラフジ
9～10月
粉白を帯びた紫黒色

マルバノホロシ
10月
果実も含めて全草毒

ノブドウ
10月
美しい青や紫は寄生果

アマチャヅル
11月
雌雄異株

ヤブコウジ
11～12月
別名「十両」

フユノハナワラビ
胞子期：10～11月
茶褐色の胞子のう

ツルリンドウ
10～11月
暗赤色の実は無毒無味

カノツメソウ
10月
果実は長だ円形

ノハラアザミ
10～11月
白色の羽毛状の冠毛

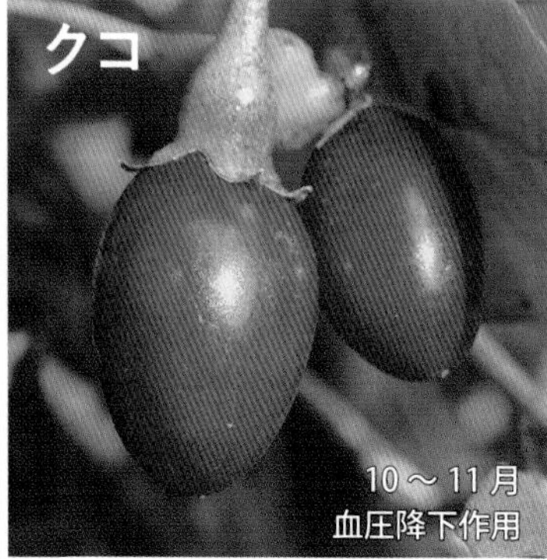
クコ
10～11月
血圧降下作用

キッコウハグマ
11月
冠毛は羽毛状で褐色

ヤブラン
10～11月に黒熟
果実ではなく種子

センボンヤリ
10～11月
褐色の毛槍状

ヒヨドリジョウゴ
10～11月
全草有毒・特に果実

スイカズラ
10～11月
2個並んでつく

アブラツツジ
9～10月
果実は下向き

イヌホオズキ
10月頃黒熟
果実にもソラニン毒

テイカカズラ
10～11月
細長い1対の袋果

ミヤマシキミ
10～12月　有毒
真っ赤な球形の核果

ヤマブキ
9月頃には
茶褐色に変化

ナンテン
11月〜翌年
咳止め

フクオウソウ
10〜11月
そう果に褐色の冠毛

キチジョウソウ
10〜11月
赤紫色の液果

カラスノゴマ
10月
少し湾曲したさく果

アカネ
10〜11月
黒熟した液果

フユイチゴ
11〜12月
甘酸っぱい

サラシナショウマ
10月
中には翼のある種子

モミジガサ
10～11月
山菜として種を販売

オクモミジハグマ
10～11月
褐色の羽毛状の冠毛

ガンクビソウ
10月
果実の上部と下部が粘る

チャノキ
10～12月
種子から茶油

アオキ
11月～翌年
ヒヨドリによる被食散布

ツルウメモドキ（蔓梅擬）　ニシキギ科ツルウメモドキ属

雌雄異株。果実は３つに裂開し、鮮やかな橙赤色の種子が現れる。種子は鳥により散布。

ゲンノショウコ（現の証拠）　フウロソウ科フウロソウ属

まるで投石機のように種子を弾き飛ばし、お神輿の屋根のように反り返る。

マユミ（檀）　　ニシキギ科マユミ属

花は地味だが、ころころとした赤い実は可愛らしい。
材質が強くよくしなるため、古来より弓の材料とされた。

メギ（目木）　メギ科メギ属の落葉低木。鋭い棘がある。

アルカロイドのベルベリンを含み、葉や樹皮の黄色い煮汁を洗眼に用いた。果実は楕円形の液果。

ヨウシュヤマゴボウ（洋種山牛蒡）　ヤマゴボウ科

アルカロイドを含み全草毒。北米原産。熟した果実を潰すと濃紅紫色の果汁。アメリカでは「インクベリー」とも呼ぶ。

ハダカホオズキ（裸酸漿）　ナス科ハダカホオズキ属

ホオヅキのような真っ赤な実だが、包んでくれる六角形の袋状の萼がなく実がむき出しなのでこの名がついた。

チカラシバ（力芝）　イネ科チカラシバ属の多年草

大きなビンなどを洗うブラシ状の穂が特徴的。全体に大きく丈夫であり、引きちぎるのにも力がいるので「力芝」。

ヤブコウジ（藪柑子） *Ardisia japonica*

万両、千両、百両（カラタチバナ）とともに「十両」とされ、
正月の縁起物だ。これらをアリドオシで括れば完璧だ。

ムラサキシキブ（紫式部）　*Callicarpa japonica*

平安時代の女流作家「紫式部」に因む。シーザーが貝紫色の服を着る権利を独占、以降貝紫色は皇帝の色となりローマ紫、帝王紫と呼ばれた。聖徳太子は「冠位十二階」の最高位を紫色とした。日本においても紫色は高貴な色である。

ソバナ（岨菜・蕎麦菜）　キキョウ科ツリガネニンジン属

青紫色の美しい鐘型の花。和名の由来は、岨(山の傾斜地)に生える菜(食用とする草）の意味という説が有力。しかし、蕎麦菜という説もある。

ＡＰＧ分類体系（*Angiosperm Phylogeny Group*）

近年、被子植物では、葉緑体 DNA の解析による APG 分類体系が主流となった。アジサイの仲間は従来はユキノシタ科であったが、APG 分類ではアジサイ科に変更された。

コアジサイ　　ユキノシタ科からアジサイ科に変更

イワギボウシ　ユリ科からクサスギカズラ科に移行

タマゴタケ（卵茸）　テングタケ科テングタケ属

白い卵型の外被膜、深赤色の子実体。ヒダは黄色、柄は黄色味を帯びた斑模様。 何とも毒々しい姿だが、食用。

<古賀志山系に咲く未撮影の植物>

カザグルマ（キンポウゲ科）

オヤマボクチ（キク科）

ムラサキヤシオ（ツツジ科）

ツマトリソウ（サクラソウ科）

ヤブデマリ（アジサイ科）

キオン（キク科）

その他、サイハイラン、イケマ、ヤマラッキョウ、ゴマナ、ギンリョウソウモドキ、ツクバネウツギなど

アズマレイジンソウ（東伶人草）　キンポウゲ科

淡紫紅色に染まる花は実は萼片で、花はこの中にある。花柄や花茎、萼片の外側には、貼り付くように屈毛が見られる。雄蕊の葯は紫色。

ジュウニヒトエ（十二単）　*Ajuga nipponennsisi*

淡い紫白色の唇形花を輪状に何段にも重ねた穂状花序が立ち上がる。色彩の変化はないが、この様子を宮中の女官の十二単に例えた。

索引（赤字＝果実・種子）

参考文献

「改定新版　日本の野生植物」（平凡社）
「牧野日本植物図鑑」（北隆館）
「牧野新日本植物図鑑」（北隆館）
「原色日本植物図鑑」（北隆館）
「寺崎　日本植物図譜」（平凡社）
「日本の花」（山と渓谷社）
「高山の花」（山と渓谷社）
「四季の野の花図鑑」（株式会社技術評論社）
「古賀志山の花」（下野新聞社）
「日光に咲く花」（栃の葉書房）
「日光の花」（下野新聞社）
「日光　花の旅」（栃の葉書房））
「日光の花　325」（日光自然博物館）
「那須の植物誌」（生物学御研究所）
「那須の花」（下野新聞社）
「那須連邦の花」（歴史春秋出版）
「栃木の高山植物図鑑」（下野新聞社）
「レッドデータブックとちぎ」（栃木県・随想舎）
「宇都宮市の植物」
「日本植物誌」（至文堂）
「毒草大百科」（（株）データハウス）
「猛毒植物マニュアル」（同文書院）
「高等植物分類表」（北隆館）
「新しい植物分類体系」（文一総合出版）

あとがき

今から半世紀以上も昔、私が高校一年のときです。親に買ってもらった真新しい鎌をもって古賀志山の学校林へ下草刈りに行きました。友人達と遊んでばかりいて下草を刈っていた時間は短かったのですが、青春時代の懐かしい思い出です。これが私と古賀志山との最初の出会いでした。

退職後、時間に余裕のできた私は「栃木の百名山」や「栃木の銘木百選」などを訪ねてあちこちと歩き廻り、5、6年前にはこれらをほぼ踏破していました。次は何をしようかと考えていたそんなとき、図書館で「古賀志山の花」という小さな本に出会ったのです。そこにはカタクリ、アカヤシオ、ヒメイワカガミ、コクラン、レンゲショウマ、サラシナショウマなど多くの花が紹介されており、植物相の豊かさに驚かされました。これを期に、私の古賀志山詣が始まったのです。

古賀志山は、宇都宮市北西の近郊に位置する標高が僅か583mの山ですが、その基盤は固いチャートのため山容は荒々しく、鎖場なども何か所もあります。しかし、その山麓や網の目のように伸びている登山道周辺には、季節ごとに多くの花々が咲き競い、私たちを迎えてくれます。古賀志山はこのように花の豊かな魅力溢れる山です。是非、お出かけください。この小冊子が、古賀志山を訪れる皆様の一助となれば幸いです。

終わりに、本書の作成に当たりいろいろとご協力をいただいた山のお仲間の皆様、そして編集その他にお世話をいただいた随想舎のスタッフの皆様に心より感謝申し上げます。

［著者紹介］

山口正夫（やまぐち　まさお）

1968年に栃木県の県立高校の理科の教員として奉職する。38年間勤め上げ、2006年に定年退職。下都賀教育事務所に嘱託職員として２年間お世話になった後、2008年から宇都宮市の私立高校に理科講師として勤務し、現在に至る。

趣味は、家の周辺の田んぼ道や雑木林を散策したり、野山の軽いトレッキングを楽しみながら、道端の花などを見つけては写真を撮って歩くことです。写真の良し悪しはさておき、ファインダーを覗く度に花々の素晴らしさに心を奪われています。

ハンドブック　古賀志の花

2020年3月26日　第1刷発行

著　者●山口正夫

発　行●有限会社 随想舎

〒320-0033　栃木県宇都宮市本町10−3 TSビル
TEL 028-616-6605　FAX 028-616-6607
振替 00360 − 0 − 36984
URL http://www.zuisousha.co.jp/
E-Mail info@zuisousha.co.jp

印　刷●株式会社シナノパブリッシングプレス

装丁●栄部工房

ISBN978-4-88748-377-4